KB029845

아름다운 정원 디자인

전원주택 조경

아름다운 정원 디자인 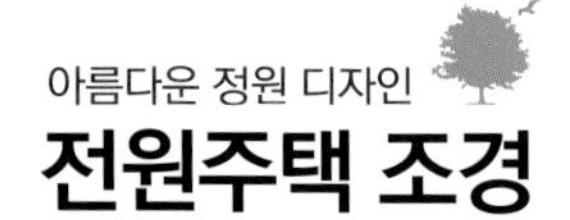

전원주택 조경

3판 발행 | 2024년 02월 20일

저　자 | 이정우

발행인 | 이인구
편집인 | 손정미
사　진 | 인산, 이현수
디자인 | 나정숙
도　면 | 최재림

출　력 | (주)삼보프로세스
종　이 | 영은페이퍼(주)
인　쇄 | (주)웰컴피앤피
제　본 | 신안제책사

펴낸곳 | 한문화사
주　소 | 경기도 고양시 일산서구 강선로 9, 1906-2502
전　화 | 070-8269-0860
팩　스 | 031-913-0867
전자우편 | hanok21@naver.com
출판등록번호 | 제410-2010-000002호

ISBN | 978-89-94997-41-4(13540)
가격 | 40,000원

House

아름다운 정원 디자인

전원주택 조경

저자 이 정 우

한문화사

책을 내며...

조경은 집짓기의 마지막 단계로 대부분 건축주에게 큰 관심사다. 예술가의 경지는 아닐지라도 내 집 마당에 나만의 명품이 될 만한 소박한 정원 하나 만들어 가꾸며 즐거움을 찾고 싶은 것이 바쁜 도심 속 현대인들의 꿈이기도 하다. 남의 손을 빌려 완성하기도 하지만, 대다수는 자연에 동화하여 꽃과 나무를 좋아하고 자신만의 개성과 취향을 표현하여 나만의 명품정원을 만들고자 스스로 애써 노력한다. 나름대로 식물에 대한 정보를 수집하고 자연과의 접촉점을 늘려가면서 자연을 이해하고 서서히 자연의 방식에 따라 정원을 가꾸고 길들여가는 방식을 터득해 간다. 그들에게 정원은 삶의 특별한 공간이자 애정을 갖고 정성을 쏟는 삶의 한 부분으로 즐거움을 찾아가는 과정이기도 하다. 이렇듯 우리가 말하는 조경은 단순히 예쁜 집에 화려한 꽃과 나무로 치장하는 것이 아니라, 해가 갈수록 아름다움과 풍성함을 더해가며 집과 자연과 인간이 서로 조화를 이루며 상생하는 조경이라야 진정한 조경이라 할 것이다.

우리 집 정원을 어떻게 디자인하고 어떤 나무와 꽃을 심어 조화롭게 연출할까? 이런 생각은 정원을 꾸미기 전 건축주에게는 자연스러운 고민거리다. 이번「아름다운 정원 디자인, 전원주택 조경」은 이런 건축주들의 고민을 조금이나마 덜어주기 위해 2014년 세종도서인「전원주택 조경플랜100」에 이어 새로운 전원주택 36채의 조경사례를 선보인다. 같은 고민의 과정을 거쳐 먼저 완성한 아름답고 다채로운 조경을 소개하고 조경마다 주요 식물들과 조경 도면, 조경 디테일 사진 등 가능한 많은 내용을 전달하고자 하였다. 또한, 애써 공들여 만든 정원이 세월 속에 퇴색하지 않고 잘 관리함으로써 해가 갈수록 아름다움과 가치를 높여갈 수 있도록 기본적인 연간 월별 정원관리에 대한 정보도 꼼꼼하게 실었다.

아름다운 정원의 디자인에서부터 설계, 완성, 그 이후 가꾸는 즐거움을 찾아가는 과정까지 나만의 아름다운 명품정원을 꿈꾸는 이들에게 이 책이 하나의 좋은 조력자 역할을 할 수 있기를 바라며, 끝으로 책의 완성을 위해 도움을 아끼지 않은 모든 분께 깊은 감사의 마음을 전한다.

최고의 경쟁력, 차별화된 조경으로 고객의 그린 꿈을 실현하는 '조경나라'

조경나라는 아름다운 정원을 꿈꾸는 사람들의 휴식과 재충전을 위한 녹색공간을 디자인하고 설계·시공하는 조경전문업체입니다. 용인시 처인구 남사면 전궁리사거리에 3,967㎡(1,200평)의 상설전시관을 두고, 각종 조경수와 야생화, 조경석, 조경 첨경물과 소품 외 식물에 대한 유용한 정보까지 일괄 판매망을 구축하여 조경공사는 물론, 조경에 필요한 각종 자재를 공급하고 있습니다. 전시관은 북유럽의 서양식과 동양식 조경을 다양한 디자인으로 꾸며 놓아 언제든지 방문하여 관람하며 쉴 수 있도록 편의를 제공하고 있습니다.

▶ 1,200평 상설 전시관 개방, 조경자재 일괄 구매 가능

CON-TENTS

아름다운 정원 디자인
전원주택 조경

01

02

03

04

05

06

07

08

09

10

CHAPTER 2 전원주택 조경 사례

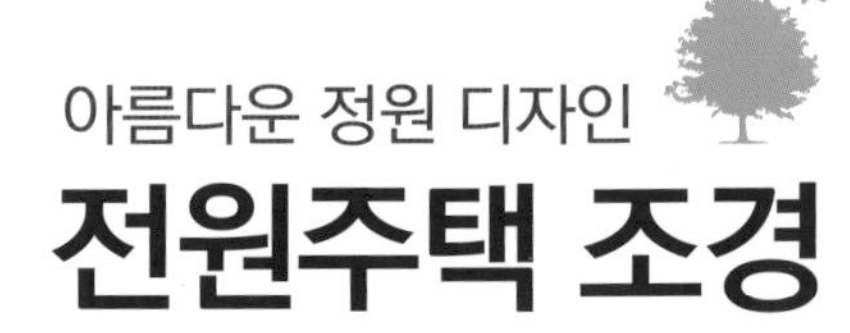

아름다운 정원 디자인

전원주택 조경

정원관리 계획과 들꽃정원 이야기

정원을 설계·디자인하고 만드는 것도 중요하지만 더 중요한 것이 관리다. 정원관리를 어떻게 하느냐에 따라서 그 모습은 해가 갈수록 아름다움을 더해갈 수도 또는 그 반대가 될 수도 있다. 애써 공들여 만든 정원을 더욱 아름답고 풍성하게 가꾸거나 처음 조원할 때 미리 알고 있으면 도움이 될만한 기본적인 내용을 월별로 요약하였다. 이어서 들꽃정원 이야기는 오산 서랑동에 있는 주택의 한 조경 사례로 '들꽃정원의 어머니'로 잘 알려진 안홍선 선생님의 정원에 관한 내용이다. 꽃과 나무를 벗 삼아 지내온 오랜 세월만큼, 해가 갈수록 아름다움과 풍성함을 더해가며 계절 따라 변하는 한 폭의 그림으로 정원을 화사하게 물들이는 수많은 종류의 꽃과 나무를 좀 더 폭넓게 다루었다.

CHAPTER 1

연간 월별

정원관리 계획

자연의 소재로 아름답고 조화롭게 조성한 정원은 사람들에게 정서적인 안정감과 편안함을 줌은 물론, 정신적, 육체적인 피로까지도 풀어주는 휴식처로 많은 사람이 동경하고 갖고 싶어 하는 공간이다. 이러한 정원을 좀 더 효율적으로 조성하고 관리하기 위해서는 먼저 정원의 소재로 쓰이는 수목류나 초화류의 생태적, 계절적인 특성과 기온, 토양, 햇빛, 물 등 자연 환경적인 요인들을 이해하는 것이 매우 중요하고 바람직하다. 자연의 오묘한 섭리나 조화 등에 대한 깊은 관찰과 이해를 바탕으로 이를 직접 정원에 적용하고 표현해 본다면 좀 더 아름답고 감동을 주는 정원 가꾸기가 될 수 있을 것이다. 이를 돕기 위해 우리나라 중부지방을 중심으로 한 주택의 정원, 소공원 등의 식물을 기준으로 연간 월별 정원관리 계획을 정리하였다. 수목류는 수목 개화시기를 기준으로 월별로 활엽수 교목과 관목, 상록수 교목과 관목, 만경류로 나누고 꽃의 색깔도 같이 표기하였다. 초화류는 보통 화단에서 재배하는 개화기를 기준으로 표기하였다. **취재협조_하늘조경 010-9734-3420**

갖가지 색채가 넘쳐나는 정원은 우리에게 창조의 기쁨, 색다른 생각과 여운을 준다.

January....................

01

해충의 제거 및 봄 대비

연중 가장 추운 한파와 폭풍까지 동반하는 계절이므로 한파에 약한 정원수의 수종은 보온 관리를 다시 한번 점검하여 미비한 관리는 보완하고 눈이 많이 오는 지방에서는 충분한 대책을 세운다. 송백류(松栢類)의 경우는 눈 피해를 보지 않도록 눈이 쌓이는 즉시 잎과 가지를 털어 가지를 보호한다. 지피식물을 보호하기 위해서는 과한 습도로 인한 피해를 보지 않도록 배수 관리를 철저히 한다.

- 관목 주위와 화단 토사 유출 점검
- 정원수의 나뭇잎이 없는 시기이므로 해충의 알이나 번데기를 쉽게 제거할 수 있다. (육안 관찰 시기)

February...................

02

재배계획 세우기

추위가 서서히 물러가고 봄의 문턱에 들어서는 계절로 남부지방에서는 매화가 꽃봉오리를 내밀기 시작한다. 바람은 건조하고 때로는 습한 바람이 불고 비가 오다 눈이 오는 불규칙한 일기 변화가 심한 계절이므로 성급한 봄 손질은 피하는 것이 바람직하다. 올봄에 가꿀 화초를 선택하고 재배계획을 세워둔다.

1. 초화류

1) 파종·모종·번식
- 추위를 잘 견디는 숙근류는 2월 하순에 포기나누기해서 토양 해동 후 정식으로 심는다.

2) 정원에서의 관리
- 잔디 복토(가는 모래나 부드러운 흙으로)

옅은 분홍색 겹꽃이 핀 홍매화이다. 매화는 무성하지 않고 드문 것을, 어린 것보다 늙은 노목을, 살찐 것보다 야윈 것을, 활짝 핀 것보다 꽃봉오리를 귀하게 여기는 꽃이다.

03월

동백나무 | 겨울~봄, 12~4월, 붉은색·흰색 등

팬지 | 봄, 2~5월, 노란색·자주색 등

수선화 | 겨울~봄, 11~3월, 노란색·백색

크로커스 | 봄, 3월, 자주색 등

튤립 | 봄, 4~5월, 빨간색·노란색 등

복수초 | 봄, 2~5월, 노란색

개나리 | 봄, 3~4월, 노란색

산수유 | 봄, 3~4월, 노란색

생강나무 | 봄, 3월, 노란색

매화나무 | 봄, 3~4월, 흰색·담홍색

04월

꽃잔디 | 봄~가을, 4~9월, 분홍색·흰색 등

디모르포세카 | 봄~가을, 4~9월, 노란색·보라색 등

아네모네 | 봄, 4~5월, 분홍색·붉은색 등

페튜니아 | 봄~가을, 4~10월, 붉은색 등

돌단풍 | 봄, 4~5월, 흰색

동의나물 | 봄, 4~6월, 노란색

송엽국 | 봄~여름, 4~6월, 자홍색 등

할미꽃 | 봄, 4~5월, 자주색

명자나무 | 봄, 4~5월, 붉은색

박태기나무 | 봄, 4월, 분홍색

- 구근류는 지열 상승으로 인한 토양 해동 시기와 겨울 동해에 대비하여 설치한 덮개 부분을 서서히 제거한다.

2. 수목류

1) 이달의 꽃·열매 : 남부에서는 풍년화, 동백꽃이 피기 시작(2월 말경)
- 활엽수 교목 : 오리나무(암홍색)
- 상록수 교목 : 동백나무(홍색)

2) 이식
- 매화나무, 배나무 등 낙엽 과수의 묘목을 심는다. (미니 비닐하우스 묘상)
- 낙엽 꽃나무의 꺾꽂이, 낙엽수 옮겨심기와 약제를 살포한다.

3. 정원 손질

1) 전정 : 낙엽 교목, 향나무 전정
2) 시비, 병충해 방제 등 관리
- 화목류를 심을 자리는 구덩이를 파고 아래위의 흙을 뒤바꿔 준다. (경운, 치환, 고르기)
- 토양 성분 중화를 위한 석회 포설 및 살균력이 강한 유황화합제를 살포한다.(석회유황합제는 개화 전 또는 싹이 트기 전에 사용하는 약제이다.)
- 교목, 동백포기에 웃거름(속효성 비료)을 준다.

March......................

03

초화심기와 월동의 해제

얼어붙은 땅이 녹아내리기 시작하고 중순 이후 남해안 지방은 봄꽃이 피기 시작하는 계절이다. 유실 화목류를 제외하고는 전정의 적기이므로 수목의 수형을 잡아주고 생장에 도움이 되게 새순의 생기를 돋구어주어 정원수로서 품위를 갖추도록 한다. 3월은 정원수를 옮겨 심거나 보식을 하여 정원의 구조를 변경시키기 가장 적절하므로 취향에 맞게 조성한다.

전정기로 향나무를 전정하는 모습. 전정은 식물의 생장이 멎는 11월부터 3월 초까지 하는 것이 좋다. 단, 한파를 우려해서 강전정은 피한다.

1. 초화류

1) 이달의 꽃
- 초화류 : 데이지, 라넌큘러스(종자), 비올라, 팬지
- 구근류 : 수선화, 크로커스, 튤립, 히아신스
- 야생화 : 노루귀, 복수초 등

2) 파종·모종·번식
- 하순부터 과꽃, 금어초, 메리골드 등 파종
- 팬지, 프리뮬러 등 각종 꽃모종 심기
- 일년초 초화류의 씨 뿌리기에 앞서서 10㎡당 퇴비 20㎏ 정도와 계분, 복합비료를 약간 뿌리고 흙을 갈아엎은 후 하순경 파종, 구근류를 심는다.

3) 정원에서의 관리
- 씨앗을 파종할 때는 잘록병 예방을 위해 우스풀룬 800배액으로 씨앗을 소독한다.
- 방한을 위해 깔아둔 짚, 비닐 등을 제거한다.
- 잠복소도 제거한다.

2. 수목류

1) 이달의 꽃·열매 : 개나리, 산수유, 생강나무 등 주로 황색 꽃이 피기 시작한다.
- 활엽수 교목 : 갯버들(백색), 매화나무(백색, 홍색), 메타세쿼이아(녹색), 생강나무(황색), 올벚나무(담홍색)
- 활엽수 관목 : 개나리(황색), 산수유(황색), 죽도화(황색), 풍년화(담황색), 히어리(황색)
- 상록수 관목 : 서향(백자색)

2) 이식
- 명자나무, 수국, 조팝나무 등 낙엽관목의 포기나누기
- 4월 상순까지 낙엽수 이식

3. 정원 손질

1) 전정 : 장미

2) 시비 등 관리
- 초순에 장미 등의 방한시설을 벗겨준다.
- 낙엽수의 이식은 3~4월 눈이 움직이기 전에 한다.
- 장미 전정은 눈 2~3개만 남기고 강하게 전정 단, 덩굴장미는 꽃이 진 다음 전정한다.

April..........................

04

파종, 춘식 구근 심기, 수목 이식

따뜻한 날씨가 이어지므로 화목류, 유실수의 봄꽃이 피고 잡목류의 새싹이 움트기 시작한다. 봄 날씨가 이어져 먼 산 아지랑이가 피고 봄비가 자주 내리는 계절이다. 화목류는 꽃이 지는 즉시 전지를 해주어 수형을 잡아줌으로써 이듬해 꽃을 피우는 데 도움이 된다. 너무 늦게 전지를 하면 분화된 꽃눈을 잘라내게 되어 이듬해 꽃을 볼 수 없게 되므로 유념해야 한다. 지피식물은 새잎이 나기 전에 부토하여 배수가 잘되도록 하고 노면이 고르지 못할 경우는 노면 정리를 해준다. 화목류 유실수는 꽃이 진 다음 전정한다. 4월은 접목, 이식, 삽목의 최적기이므로 묘상을 준비하여 날씨, 기후에 따라 진행한다.

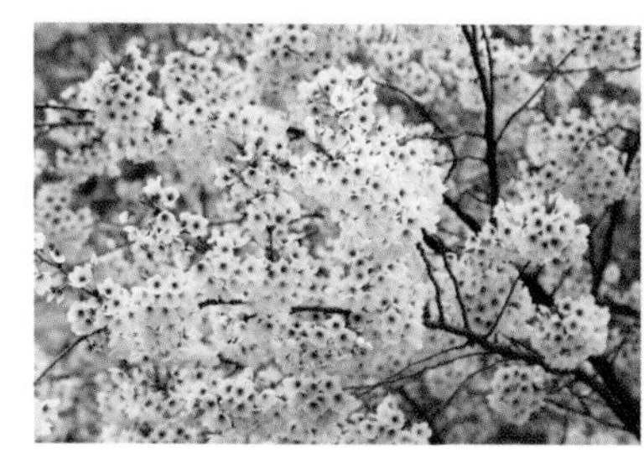
벚나무 | 봄, 4~5월, 분홍색

진달래 | 봄, 4~5월, 연분홍색·자홍색 등

철쭉 | 봄, 4~5월, 연분홍색 등

겹벚꽃나무 | 봄, 4~5월, 분홍색

꽃사과 | 봄, 4~5월, 흰색 등

목련 | 봄, 3~4월 흰색

복숭아나무 | 봄, 4~5월, 흰색·연홍색

황매화 | 봄, 4~5월 노란색

수수꽃다리 | 봄, 4~5월, 자주색·흰색 등

앵두나무 | 봄, 4~5월, 흰색

05월

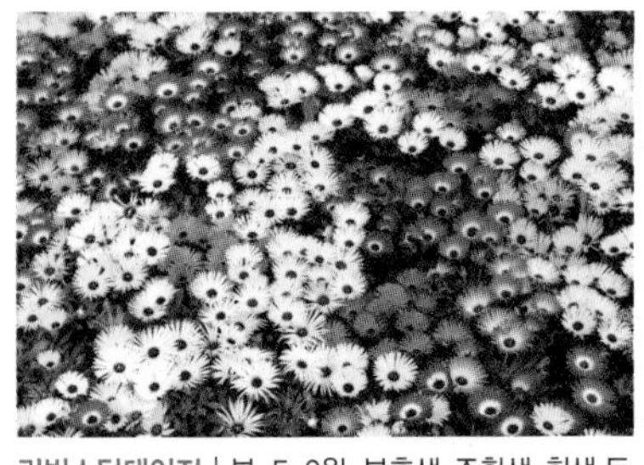
리빙스턴데이지 | 봄, 5~6월, 분홍색·주황색·흰색 등

마거리트 | 봄, 3~5월, 흰색 등

메리골드 | 봄~가을, 5~10월, 노란색 등

물망초 | 봄~여름, 5~8월, 하늘색

양귀비 | 봄, 5~6월, 붉은색·노란색 등

작약 | 봄, 5~6월, 백색·붉은색 등

무스카리 | 봄, 4~5월, 남보라색

알리움 | 봄, 5월, 보라색·분홍색 등

금낭화 | 봄, 5~6월, 붉은색

노랑꽃창포 | 봄, 5~6월, 노란색

1. 초화류

1) 이달의 꽃
- 초화류 : 꽃잔디, 다알리아(종자), 디모르포세카, 시네라리아, 아네모네(종자), 알리섬, 페튜니아, 프리뮬러
- 구근류 : 아르메리아
- 야생화 : 남산제비꽃, 노랑무늬붓꽃, 돌단풍, 동의나물, 민들레, 송엽국, 양지꽃, 피나물, 할미꽃 등

2) 파종·모종·번식
- 샐비어, 페튜니아 파종
- 글라디올러스, 다알리아, 백합, 칸나 구근 심기

3) 정원에서의 관리
- 초순에 잔디 심기 시작, 잔디에 거름주기
- 파종한 모종 중 직근성인 루피너스, 양귀비 등은 솎아 준다.
- 국화, 모란, 작약 거름주기

2. 수목류

1) 이달의 꽃·열매 : 명자나무, 박태기나무, 벚나무, 진달래, 철쭉 등 주로 분홍 꽃들이 피기 시작
- 활엽수 교목 : 겹벚나무(담홍색), 계수나무(자주색), 꽃사과(백색, 연홍색), 꽃아그배나무(담홍색), 낙우송(자주색), 느티나무(녹색, 황색), 목련(백색, 자색), 배나무(백색), 복숭아나무(담홍색), 산벚나무(담홍색), 살구나무(담홍색), 수양벚나무(백색), 아그배나무(담홍색), 왕벚나무(백색), 자두나무(백색), 팥배나무(백색)
- 활엽수 관목 : 갯버들(백색), 괴불나무(백황색), 명자나무(백색, 담홍색, 홍색), 미선나무(담홍색), 박태기나무(자홍색), 병아리꽃나무(백색), 산수유나무(황색), 산철쭉(담자홍색), 삼지닥나무(황색), 수수꽃다리(백색, 자색), 앵두나무(백색), 옥매(담홍색), 자목련(농자색), 조팝나무(백색), 죽도화(황색), 진달래(담홍색), 철쭉(담홍색), 홍철쭉(주홍색), 황매화(황색), 황철쭉(황색)
- 상록수 교목 : 동백나무(홍색), 붓순나무(담황색), 소귀나무(암홍색), 소나무(자주색, 황색), 월계수(담황색), 주목(갈색, 녹색), 측백나무(갈색), 편백(황색), 향나무(갈색, 보라색), 화백(황색)
- 상록수 관목 : 기리시마철쭉(백색, 홍색, 담색), 만병초(백, 담홍색), 서향(백자색), 호랑가시나무(백색), 남천(황색), 회양목(황색)
- 만경류 : 으름덩굴(담자색)

2) 이식
- 상록수의 포기나누기
- 오죽·이대 등 대나무 이식
- 상록활엽수 이식

3. 정원 손질

1) 전정 : 소나무 순지르기

2) 병충해
- 4월~9월까지 규칙적인 약제 살포(4, 5, 7, 9월)
- 흰가루병, 녹병 발생 시작

3) 시비 등 관리
- 싹 나기 비료
- 오엽송, 적송, 해송의 새순 꺾기는 한 군데 2~3개만 남기고 나머지 순은 따 버린다.
- 정원수 거름은 눈이 움직이기 전에 한다.
- 중부지방의 늦서리에 산딸나무, 목련 등 꽃송이 조심

May........................

05

파종, 모종 심기 및 꺾꽂이의 적기

따뜻한 바람이 불어 기온이 상승하므로 정원수가 활동하기에 좋은 최적의 계절이다. 수목의 생장이 왕성해지므로 새순이 길어지는 경우는 순치기를 적절히 해주는 것이 좋다. 특히 유실수 화목류의 경우는 분화되는 시기 이전에 적절히 순치기를 해줌으로써 이듬해 아름다운 열매와 꽃을 감상할 수 있다. 숙근초는 전년의 묵은 잎을 완전히 제거해 주고 새잎이 자라는데 장애가 되지 않도록 한다. 식물의 새순에 진딧물 등 해충이 생기는 시기이므로 메타시스톡스, 톱신앰 등으로 소독을 해줌으로 새순의 아름다움을 유지할 수 있다.

1. 초화류

1) 이달의 꽃

- 초화류 : 루피너스, 리빙스턴데이지, 마거리트, 메리골드, 모란, 물망초, 버베나, 석죽, 스위트윌리암, 양귀비, 오스테오스퍼멈, 작약, 주머니꽃, 코레옵시스(기생초), 크리산세멈(멀티골옐로)
- 구근류 : 무스카리, 백합, 알리움
- 야생화 : 골무꽃, 금낭화, 노랑꽃창포, 무늬둥굴레, 미나리아재비, 바위취, 붉은인동, 붓꽃, 뻐꾹채, 수련, 은방울꽃, 조개나물, 큰꽃으아리 등

2) 파종·모종·번식

- 상순에 나팔꽃 파종
- 메리골드, 샐비어, 알리섬, 한련화 모종 심기
- 발아 온도가 높은 모든 모종을 자유롭게 심는다.

3) 정원에서의 관리

- 모종으로 심은 버베나, 페튜니아, 플록스 등은 꽃이 진 것은 계속 따주고 순을 길러 계속 개화시킨다.

생장이 왕성한 5월에 다양한 초화류를 혼합 식재하여 볼거리를 제공한다.

붉은인동 | 봄~여름, 5~6월, 붉은색

붓꽃 | 봄~여름, 5~6월, 보라색

수련 | 여름, 6~8월, 흰색 등

은방울꽃 | 봄, 5~6월, 흰색

큰꽃으아리 | 봄~여름, 5~6월, 흰색 등

사과나무 | 봄, 4~5월, 흰색

자목련 | 봄, 4~5월, 자주색

감나무 | 봄, 5~6월, 황백색

산사나무 | 봄, 4~5월, 담홍색·백색

은행나무 | 봄, 4~5월, 녹색

05월

이팝나무 | 봄, 5~6월, 흰색

함박꽃나무 | 봄~여름, 5~7월, 흰색

단풍나무 | 봄, 5월, 붉은색

삼색병꽃나무 | 봄, 5월, 백색·분홍색·붉은색

보리수나무 | 봄, 5~6월, 흰색

조팝나무 | 봄, 4~5월, 흰색

불두화 | 여름, 5~6월, 연초록색·흰색

등나무 | 봄, 5~6월, 연자주색

인동덩굴 | 봄, 5~6월, 노란색·흰색

찔레꽃 | 봄, 5월, 흰색·연홍색

2. 수목류

1) 이달의 꽃·열매: 라일락, 마로니에, 모란꽃, 사과나무, 자목련 등 주로 연보라, 분홍 꽃들이 만개
- 활엽수 교목 : 감나무(백색, 황색), 귀룽나무(백색), 때죽나무(백색), 모과나무(담홍색), 밤나무(백색), 백합나무(적황색), 산사나무(백색), 오동나무(자색), 은행나무(녹색), 이팝나무(백색), 일본목련(유백색), 쪽동백(백색), 채진목(백색), 층층나무(백색), 함박꽃나무(백색)
- 활엽수 관목 : 가막살나무(백색), 고광나무(백색), 단풍나무(적색), 땅비싸리(담자홍색), 마가목(백색), 모란(백색, 담홍색, 홍색), 병꽃나무(자홍색), 보리수나무(백색, 황색), 불두화(백색), 자금우(황색), 장미(각색), 조팝나무(백색), 해당화(홍색)
- 상록수 교목 : 홍가시나무(백색)
- 상록수 관목 : 다정큼나무(백색), 돈나무(백색), 백정화(백색), 오오무라사끼철쭉(자홍색)
- 만경류 : 등나무(백색, 자색, 담홍색), 마삭줄(백색), 인동덩굴(백황색), 찔레꽃(백색)

3. 정원 손질

1) 전정 : 동백, 목련, 진달래, 철쭉 등 꽃이 진 후 전정

2) 병충해
- 회양목 엽권충 발생(6월까지) 때는 다이아지논을 살포
- 진딧물, 깍지벌레, 흰불나방 발생 시작

3) 시비 등 관리
- 싹 나기 비료
- 꽃이 진 후의 가지치기는 눈의 위치를 보아 눈 위의 가지를 치도록 한다.
- 년 4~5회 규칙적 약제 살포(4,5,7,9월)
- 복숭아, 배나무 열매에 봉지를 씌우기 시작하고 포도나무 순과 곁 송이를 따낸다.

June.......................

06

장마 대비

남부지방은 비가 자주 내리고 하순경에는 장마전선이 상륙하기 시작하는 시기로 복사열로 말미암아 뇌우를 동반한 소나기가 자주 오는 시기이므로 배수 관리를 철저히 해야 한다. 수목의 생장에 최적인 기온이 유지되므로 수목의 성장 활동이 왕성해진다. 수목의 상태를 자세히 관찰하여 비료분이 부족하다 싶으면 충분한 비료공급을 해주고 병충해 역시 활동하기 좋은 조건이므로 예방과 치료 약제를 살포해줌으로 아름다운 정원을 유지할 수 있다. 송백류의 순치기를 실시할 시기이므로 순치기를 실시하여 잎의 균형을 잡도록 하고 잡목류는 도장지를 잘라주어 수형의 균형을 잡아 주어야 할 시기이다.

1. 초화류

1) 이달의 꽃
- 초화류 : 겹사스타데이지, 금계국, 금어초, 금잔화, 꽃고추, 꽃담배, 뉴기니아봉선화, 델피늄, 봉선화, 색동호박, 수레국화(센토레아), 천일홍, 종꽃(캄파눌라), 한련화
- 구근류 : 아마릴리스
- 야생화 : 기린초, 꽃창포, 꿩의다리,

회양목을 전정하는 모습.

끈끈이대나물, 매발톱꽃, 맥문동, 메꽃, 물레나물, 백리향, 벌개미취, 분홍달맞이꽃, 붉은조팝나무, 상사화, 석창포, 섬초롱꽃, 술패랭이, 앵초, 용머리, 원추리, 제비동자꽃, 층층이꽃, 큰까치수염, 패랭이꽃, 하늘나리 등

2) 파종·모종·번식
- 꽃잔디 포기나누기
- 들잔디 파종은 5~6월이 적기

3) 정원에서의 관리
- 꽃이 진 튤립 등은 캐내어 서늘한 곳에서 말려 서늘하고 어두운 곳에 보관

2. 수목류

1) 이달의 꽃·열매 : 산딸나무, 장미, 쥐똥나무, 팥배나무 등 주로 흰색과 붉은 꽃
- 활엽수 교목 : 산딸나무(백색), 참죽나무(백색)
- 활엽수 관목 : 개쉬땅나무(백색), 석류나무(주홍색), 수국(청자색), 쥐똥나무(백색), 참빗살나무(담녹색)
- 상록수 교목: 섬잣나무(녹색, 황색), 아왜나무(백색), 태산목(유백색)
- 상록수 관목: 망종화(황색), 사즈끼철쭉(백색), 사철나무(녹색), 치자나무(유백색)
- 만경류 : 덩굴장미(각색), 으아리(백색, 담홍색, 홍색, 자색)

3. 정원 손질

1) 전정 : 회양목, 옥향나무 등 둥근 상록나무의 형태 다듬기(5~6월)

2) 병충해
- 장미 흰가루병 발생기(석회, 유황합제 살포)
- 벚나무, 매화나무는 9월까지 심식충발생(디프테렉스 1,000배액 살포)

3) 시비 등 관리
- 늦게 심은 수목은 장마 후 햇볕을 가려줄 것.
- 비에 약한 종류의 보호책 마련, 약제 살포, 잡초 제거, 웃거름 주기

금계국 | 여름, 6~8월, 황금색

꽃고추 | 봄~여름, 5~9월, 흰색

봉선화 | 여름, 6~8월, 분홍색·빨간색 등

수레국화(센토레아) | 여름~가을, 6~10월, 청색 등

캄파눌라 | 봄~여름, 5~6월, 진보라색·청색 등

한련화 | 여름, 6~9월, 붉은색·오렌지색 등

기린초 | 여름, 6~9월, 노란색

꽃창포 | 여름, 6~7월, 자주색

매발톱꽃 | 봄, 4~7월, 보라색·자주색 등

맥문동 | 여름, 5~6월, 보라색·자주색

벌개미취 | 여름~가을, 6~9월, 자주색

분홍달맞이꽃 | 여름, 6~7월, 분홍색

붉은조팝나무 | 여름, 6월, 붉은색

큰까치수염 | 여름, 6~8월, 흰색

패랭이꽃 | 여름, 6~8월, 붉은색

산딸나무 | 봄, 5~6월, 흰색

쥐똥나무 | 봄, 5~6월, 흰색

개쉬땅나무 | 여름, 6~7월, 흰색

사철나무 | 여름, 6~7월, 연한 황록색

덩굴장미 | 여름, 6~7월, 각색

July..........................

07

장마철 돌보기

본격적인 무더위와 장마철에 접어드는 시기이므로 강렬한 햇빛과 기온의 상승으로 모든 수목에 생리적인 장해가 많이 생겨나는 시기이다. 그 때문에 병충해의 피해가 극심하므로 치료제를 수시로 살포하여 예방해야 한다. 특히 이 시기에는 진딧물, 솜개각충(솜벌레), 붉은 잎마름병, 흰가룻병 등의 병충해가 만연한다. 이달에는 삽목, 취목, 잎 자르기,

자동설비로 잔디밭에 규칙적으로 물을 준다.

잔디깎기는 보통 월 1~2회, 여름에는 2~4회가 적당하다.

가자니아 | 여름, 7~9월, 주황색

과꽃 | 여름, 7~9월, 분홍색·자주색 등

나팔꽃 | 여름, 7~8월, 보라색·붉은색 등

도라지 | 여름, 7~8월, 보라색·흰색 등

백일홍 | 여름~가을, 6~9월, 붉은색 등

플록스 | 여름, 7~8월, 진분홍색

칸나 | 여름~가을, 6~10월, 붉은색·흰색 등

꿀풀 | 여름, 7~8월, 자주색

노루오줌 | 여름, 7~8월, 연분홍색 등

범부채 | 여름, 7~8월, 주황색

07월

부처꽃 | 여름, 7~8월, 홍자색

비비추 | 여름, 7~8월, 보라색

연꽃 | 여름, 7~8월, 분홍색·흰색

참나리 | 여름~가을, 7~8월, 주황색

배롱나무 | 여름, 7~9월, 붉은색·보라색 등

자귀나무 | 여름, 7월, 분홍색·흰색

무궁화 | 여름, 7~10월, 흰색·분홍색 등

산수국 | 여름, 7~8월, 흰색·하늘색

좀작살나무 | 여름, 7~8월, 자주색

능소화 | 여름, 7~9월, 주황색

루드베키아 | 여름, 7~9월, 노란색 등

맨드라미 | 여름, 7~8월, 붉은색 등

부용 | 여름~가을, 8~10월, 연홍색

샐비어 | 여름, 6~10월, 붉은색

풍접초 | 여름, 8~9월, 분홍색·흰색

해바라기 | 여름, 8~9월, 노란색

마타리 | 여름, 7~8월, 노란색

미국미역취 | 여름, 8~9월, 노란색

옥잠화 | 여름~가을, 8~9월, 흰색

용담 | 여름, 8~10월, 자주색

도장지 자르기, 시비 약제 살포, 잡목류 잎 따기 등을 하고 장마가 끝난 1주일 후부터 화초에 비료 주기를 한다.

1. 초화류

1) 이달의 꽃
- 초화류 : 가자니아(훈장 국화), 과꽃(7~9월), 기생초, 나팔꽃, 도라지, 로벨리아, 백묘국, 백일홍, 색비름, 아마란서스, 일일초, 제라늄, 채송화, 천인국(가일라르디아), 카네이션, 콜레우스, 플록스
- 구근류 : 다알리아, 칸나
- 야생화 : 곰취, 꿀풀, 노루오줌, 달맞이꽃, 동자꽃, 땅나리, 배초향, 범부채, 부처꽃, 분홍바늘꽃, 비비추, 사위찔방, 섬기린초, 쑥부쟁이, 연꽃, 접시꽃, 참골무꽃, 참나리, 톱풀, 해국 등

2) 파종·모종·번식 : 꽃창포, 붓꽃 등은 꽃이 진 다음 포기나누기 (2~3년마다)

3) 정원에서의 관리
- 칸나, 다알리아 등 지주 세우기
- 장마철을 제외하고는 잔디밭에 규칙적으로 물을 주고, 월 1회 정도 깎아준다.

2. 수목류

1) 이달의 꽃·열매 : 능소화, 무궁화, 배롱나무, 수국 등 주로 보라, 오렌지색
- 활엽수 교목 : 노각나무(백색), 모감주나무(황색), 배롱나무(백색, 홍색), 자귀나무(담홍색)
- 활엽수 관목 : 무궁화(백색, 자홍색), 산수국(백색, 하늘색), 작살나무(연자주색)
- 상록수 관목 : 겹치자(유백색), 유엽도(담홍색)
- 만경류 : 능소화(주홍색)

3. 정원 손질

1) 전정
- 덩굴장미의 가지치기
- 눈주목(갸라목) 순지르기
- 일반 정원 수목의 도장지(웃자란 가지), 흩어진 가지 등을 정리하고 솎아낸다.

2) 병충해 : 버드나무 녹병 외에 장마철에는 탄저병, 반점병 등 발생

3) 시비 등 관리
- 장미 포기 밑에 쇠똥, 짚, 왕겨, 풀을 깔아준다.
- 분재용 남천, 매화 등은 7~8월에 분갈이해야 꽃도 단풍도 곱다.

August ....

08

약제 살포 및 여름철 관리

무더위가 계속되어 수목의 생장이 일시적으로 정지되므로 절대 시비를 해서는 안 된다. 무더위 속에서 장마가 계속되므로 배수 상태를 다시 한번 점검하여 수목 뿌리의 침식으로 인해 고사하지 않도록 예방해야 한다. 흔히 여름 장마에 수목이 고사하는 경우가 간혹 나타나는데 이것은 뿌리 부분의 배수가 잘되지 않고 물이 고여 뿌리가 썩어서 생기는 경우가 대부분이다. 병충해 방제는 1주일에 1회 정도 실시하는 것이 좋고, 낮 동안 고온에 시달리므로 해가 진 후 저녁에 수목의 잎에

물을 뿌려 잎에 묻어 있는 오물을 제거하고 일시적이나마 온도를 내려주는 것이 좋다.

1. 초화류

1) 이달의 꽃
- 초화류 : 루드베키아, 맨드라미, 미모사(신경초), 바스라기꽃(헬리크리섬, 밀짚꽃), 부용(히비스커스), 샐비어, 아게라텀(풀솜꽃), 토레니아, 풍접초(클레오메, 거미꽃), 해바라기
- 구근류 : 글라디올러스, 프리틸 라리아
- 야생화 : 돌나물, 두메부추, 마타리, 물봉선, 미역취, 수크령, 옥잠화, 용담, 큰꿩의비름 등

2) 정원에서의 관리
- 다알리아는 포기 밑에 깔아 지온은 내리고 수온을 갖게 하여 초가을에 좋은 꽃을 보게 한다.

2. 수목류

1) 이달의 꽃·열매 : 꼬리조팝나무, 능소화, 자귀나무, 싸리 등 분홍, 오렌지, 보라색
- 활엽수 교목 : 배롱나무(백색, 홍색), 자귀나무(담홍색), 회화나무(황색)
- 활엽수 관목 : 싸리(자홍색)

2) 이식 : 8월 하순부터 9월까지 소나무 식재

3. 정원 손질

1) 병충해 : 흑반병(장미 등) 발생이 극심하다.

2) 시비 등 관리
- 고온건조기에 장미나 동백의 개화를 좋게 하기 위해 물을 충분히 준다.
- 이달 이후의 추비는 삼간다.

September................

09

추식 구근 심기, 가을 채소 파종

무더운 날씨는 서서히 쇠약해지고 기온이 낮아지는 계절이다. 그러나 태풍이 불어오는 경우가 있으므로 태풍의 피해를 보지 않도록 가지치기 순치기를 철저히 해주어야 한다. 화목류, 유실수의 경우는 능숙한 전문가가 아닐 때는 가지치기 순치기를 하지 않는 것이 좋다. 꽃눈을 잘라 버릴 염려가 있으므로 주의하여야 한다. 국화의 가지고르기와 눈 따주기를 해서 꽃 피울 준비를 한다.

1. 초화류

1) 이달의 꽃
- 초화류 : 국화, 꽃베고니아, 메리골드, 임파첸스(아프리카봉선화), 코스모스, 콜레우스
- 야생화 : 구절초, 꽃무릇, 꽃향유, 낙동구절초, 바위솔, 백양꽃, 산국, 억새, 털머위 등

2) 파종·모종·번식
- 작약 포기나누기
- 늦가을에 꽃을 볼 꽃양배추 모종 심기

3) 정원에서의 관리
- 화분 분갈이
- 이른 봄에 꽃핀 것은 씨앗을 받아 그늘에서 2~3일 말려 보관

2. 수목류

1) 이달의 꽃·열매 : 일본조팝나무, 흰조팝나무

2) 이식 : 모란 재식기(9~10월)

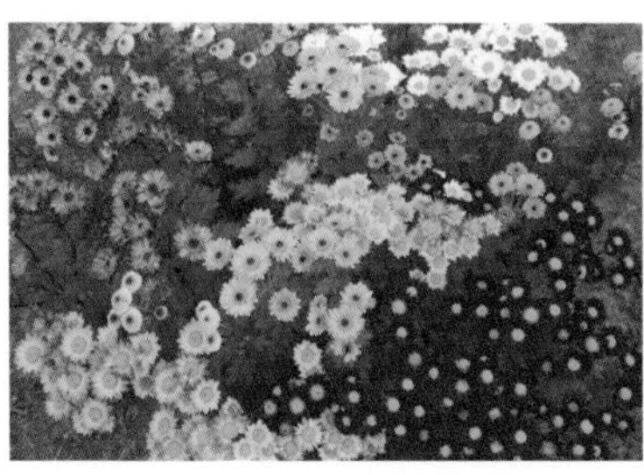
국화 | 봄~가을, 5~10월, 노란색·붉은색 등

꽃베고니아 | 봄~가을, 4~10월, 붉은색·흰색 등

임파첸스 | 여름~가을, 6~11월, 분홍색·붉은색 등

코스모스 | 여름~가을, 6~10월, 연분홍색·붉은색 등

구절초 | 가을, 9~11월, 연홍색·흰색

꽃무릇 | 가을, 9~10월, 붉은색

낙동구절초 | 가을, 9~10월, 흰색·분홍색

산국 | 가을, 9~10월, 노란색

억새 | 가을, 9월, 흰색

털머위 | 가을, 9~10월, 노란색 등

매자나무 | 봄, 5월, 노란색 / 열매_9~10월, 붉은색

낙상홍 | 봄, 6월, 연자주색 / 열매_10월, 붉은색

피라칸다 | 봄~여름, 5~6월, 흰색 / 열매_9~10월, 붉은색

모과나무 | 봄, 5월, 분홍색 / 열매_10~11월, 노란색

호랑가시나무 | 봄, 4~5월, 백록색 / 열매_9~10월, 붉은색

차나무 | 가을, 10~11월, 흰색·연분홍색

꽃양배추 | 겨울, 11~2월, 홍자색·흰색 등

흰말채나무 | 봄~여름, 5~6월, 흰색 / 수피_겨울, 붉은색·노란색

자작나무 | 봄, 4~5월, 노란색 / 수피_겨울, 흰색

포인세티아 | 겨울, 12월, 녹색

3. 정원 손질

1) 전정 : 눈주목(갸라목) 순지르기
2) 병충해
 - 장미 흰가루병이 극심할 때 석회, 유황합제 살포
 - 심식충, 복숭아 나방 피해
3) 시비 등 관리
 - 라일락, 모란, 박태기나무 등 꽃이 진 후 자란 꼬투리는 즉시 잘라줄 것.

October.....................

10

전정, 가을 구근 심기

이동성 고기압이 다가오므로 대체로 맑은 날씨가 이어지고 기온이 서서히 내려가 단풍이 들기 시작하는 계절로 수목의 완숙미를 나타내는 시기이기도 하다. 10월은 결실의 계절이므로 유실수 수목은 탐스러운 각종 열매가 자태를 과시하며 가을의 풍요를 느끼게 하고, 단풍의 아름다움은 정원의 매력을 더욱 느끼게 한다. 결실의 계절이니 1,2년생 초화의 꽃이 지고 씨가 여물면 채종하고 꽃씨를 받아둔다.

1. 초화류

1) 파종·모종·번식
 - 내년 봄에 꽃을 볼 수선화, 크로커스, 튤립, 히아신스 심기
 - 샤스타데이지 포기나누기
2) 정원에서의 관리
 - 숙근초의 말라죽은 가지 제거

2. 수목류

1) 이달의 꽃·열매 : 단풍들기 시작, 매자나무·낙상홍·피라칸다 빨간 열매, 모과나무·갈나무의 노란 열매
 - 활엽수 관목 : 장미(각색)
 - 상록수 교목 : 금목서(황색), 은목서(백색), 호랑가시나무(백색)
 - 상록수 관목 : 차나무(백색)
2) 이식
 - 향나무 등 침엽수 식재
 - 낙엽수도 잎이 진 후 이식

3. 정원 손질

1) 시비 등 관리
 - 병아리꽃나무, 수국, 황매화 등의 마른 가지치기
 - 하순부터 동백, 애기석류, 유엽도, 호랑가시 등 밖에 내 다 둔 것을 실내로 옮긴다.
 - 배롱나무, 느티나무 등은 심은 후 수피가 타지 않게 진흙, 새끼 등으로 감아 보호한다.

November.................

11

구근 관리 및 월동준비

북쪽 시베리아 기단이 불어오는 계절로 초겨울 날씨가 시작되는 달이다. 강수량이 줄어들고 건조하고 맑은 날씨가 이어진다. 송백류는 묵은 솔잎이 떨어지므로 제거하고 낙엽수는 잎이 떨어지기 시작하므로 제거하여 소각하고 해충의 집을 제거한다. 특히 중부이북지방에서는 동

백, 배롱나무, 석류나무 등 추위에 약한 수종은 보온을 철저히 하여 동해 피해를 예방해야 한다. 지피식물은 배수를 철저히 하여 식물의 뿌리를 보호해야 한다. 교목류는 잠복소를 설치하여 충해 예방(제거)을 한다.

1. 초화류

1) 이달의 꽃 : 꽃양배추(11월~2월, 중부지방에서는 12월 하순까지 이용)
2) 정원에서의 관리
- 화단은 봄에 화초류를 심으려면 해충 예방을 위해 미리 소독해 두고 토양을 갈아 준다.
- 구근 심은 자리에 짚이나 비닐을 덮어 준다.
- 다알리아, 칸나 등 구근을 캐어 사과 상자에 흙을 담고 묻어 실내에서 보관한다.

2. 수목류

1) 이달의 꽃·열매 : 낙엽
- 상록수 교목 : 산다화(백색, 홍색), 호랑가시나무(백색)
- 상록수 관목 : 팔손이(백색)

3. 정원 손질
1) 전정 : 모란은 꽃눈 2개만 남기고 강한 전정
2) 시비 등 관리
- 월동준비 : 장미, 모란 등은 짚으로 싸매주고, 덩굴장미, 포도는 포기 턱에 흙으로 높이 묻어 올려 월동하게 한다.
- 11월부터 이듬해 2월 사이에 한비 주기
- 기둥 줄기를 30cm 정도 짚으로 둘러 유충을 유인한 후 1월에 태운다.

December

12

실내식물 관리

시베리아 기단이 발달함에 따라 추위가 본격적으로 내습하는 달이다. 중순경에는 호수와 강이 결빙되고 우리나라 기후의 특색이 나타나 맑은 날씨가 많아진다. 특히 낮과 밤 기온의 차이가 심하나 남부지방에서는 밤낮 기온의 차가 심하지 않다. 따라서 수목의 단풍은 중부 이북 지방이 아름답다. 기온이 내려감에 따라 수목의 생장은 정지되어 수면 상태로 접어들게 되므로 나목의 정원수를 감상할 수 있다. 마른 낙엽을 제거하고 지피식물의 잎을 깨끗하게 보존하고 배수 관리를 철저히 해주고 눈 피해를 보지 않도록 정원수를 관리한다. 월초에 화단 내 수목(관목, 숙근류, 월동 구근류 포함)에 복토를 한다.

1. 초화류

1) 이달의 꽃
   초화류 : 포인세티아 (목본)

2. 수목류

1) 이달의 꽃·열매 : 잎이 떨어진 겨울의 흰말채나무 빨간 수피나, 자작나무 흰 수피가 유난히 고울 때다.

3. 정원 손질

1) 전정 : 낙엽교목의 기본적인 전정
2) 병충해
   여름의 흑반병 발생을 막기 위해 겨울 동안 미리 석회, 유황합제 살포

붉은 산수유 열매가 눈속에서도 강한 생명력을 유지하고 있다.

추위에 약한 나무들은 짚으로 싸서 보온처리를 한다.

정원을 가꾸는 일상에서 즐거움을 찾는 안홍선 선생님.
백합, 패랭이꽃, 비누풀, 후르츠세이지, 에키네시아, 접시꽃 등이 만발한 유월의 화사한 정원.

오산 아내의 정원

들꽃정원 이야기

위 치	경기도 오산시 서랑동
대지면적	5,448㎡(1,648py)
조경면적	5,264㎡(1,592py)
조경설계·시공	건축주 직영

호숫가에 펼쳐진 들꽃 향연

오산의 서랑호수에 근접한 서랑로를 따라가다 보면 꽃으로 둘러싸인 담장이 유난히 눈길을 끄는 곳이 있다. 바로 '들꽃정원의 어머니'로 잘 알려진 안홍선 선생님과 바깥주인인 양위석 선생님 부부가 사는 집이다. 대문에서부터 오랜 세월 함께한 들꽃정원의 정취가 배어 나온다. 마치 꽃들이 만발한 초원 사이를 걷듯, 대문에서 안채까지 통하는 좁은 길을 제외하고 정원은 온통 수백 종의 꽃과 나무로 가득하다. 들길을 따라 걷다 우연히 만난 여느 야생화 초원처럼 정원은 인위적인 꾸밈이 없이 그저 자연스럽고 수수하기만 하다. 그래서 더욱 편안하고 정감이 가는 것이 이 '들꽃정원'의 매력이다. 탁 트인 정원은 잔잔히 반짝이는 은빛 물결의 서랑호수와 맞닿아 고즈넉한 정취가 한층 더 깊게 느껴진다. 이북에 고향을 두고 한국전쟁 중 남으로 내려온 선생님은 어릴 적 봄이 오면 뒤곁에 가득 만발해 순수한 어린 동심을 자극했던 그 이름 모를 노란 들꽃풍경을 지금도 마음속 깊이 간직하며 그리워한다. '들꽃정원의 어머니'로 불리며 수십 년간 꽃을 가꾸어 온 선생님의 지극한 꽃 사랑에 대한 감성을 충분히 짐작할 수 있다. 선생님은 늘 정원을 가꾸고 꽃과 함께 시간을 보내며 삶의 의미를 사색하고 관조한다. 오랜 세월 그 속에서 키워온 풍부한 예술적 감성은 거대한 퀼트 작품에 고스란히 녹아 되살아난다. '세계적인 퀼트 작가'로 불리는 선생님의 또 다른 호칭이기도 하다. 바깥주인인 양위석 선생님은 아내가 가꾼 들꽃정원의 아름다운 모습들을 놓치지 않고 수십 년간 사진 속에 담아 정성스럽게 보관하고 있다. 두 분이 이렇게 서로 의지하며 함께 살아온 삶의 긴 여정 속에는 늘 아름다운 들꽃정원이 함께하고 있다. 흐드러지게 핀 연보라 등나무꽃으로 뒤덮인 테라스 야외 테이블에 앉아 조용히 정원의 꽃들을 감상하는 시간, 꽃들이 더욱 아름답게 마음에 와닿는 까닭은 들꽃처럼 살아온 노부부의 아름다운 삶의 이야기와 그 의미가 깊이 투영되어 있기 때문이리라.

조경도면 | Landscape Drawing

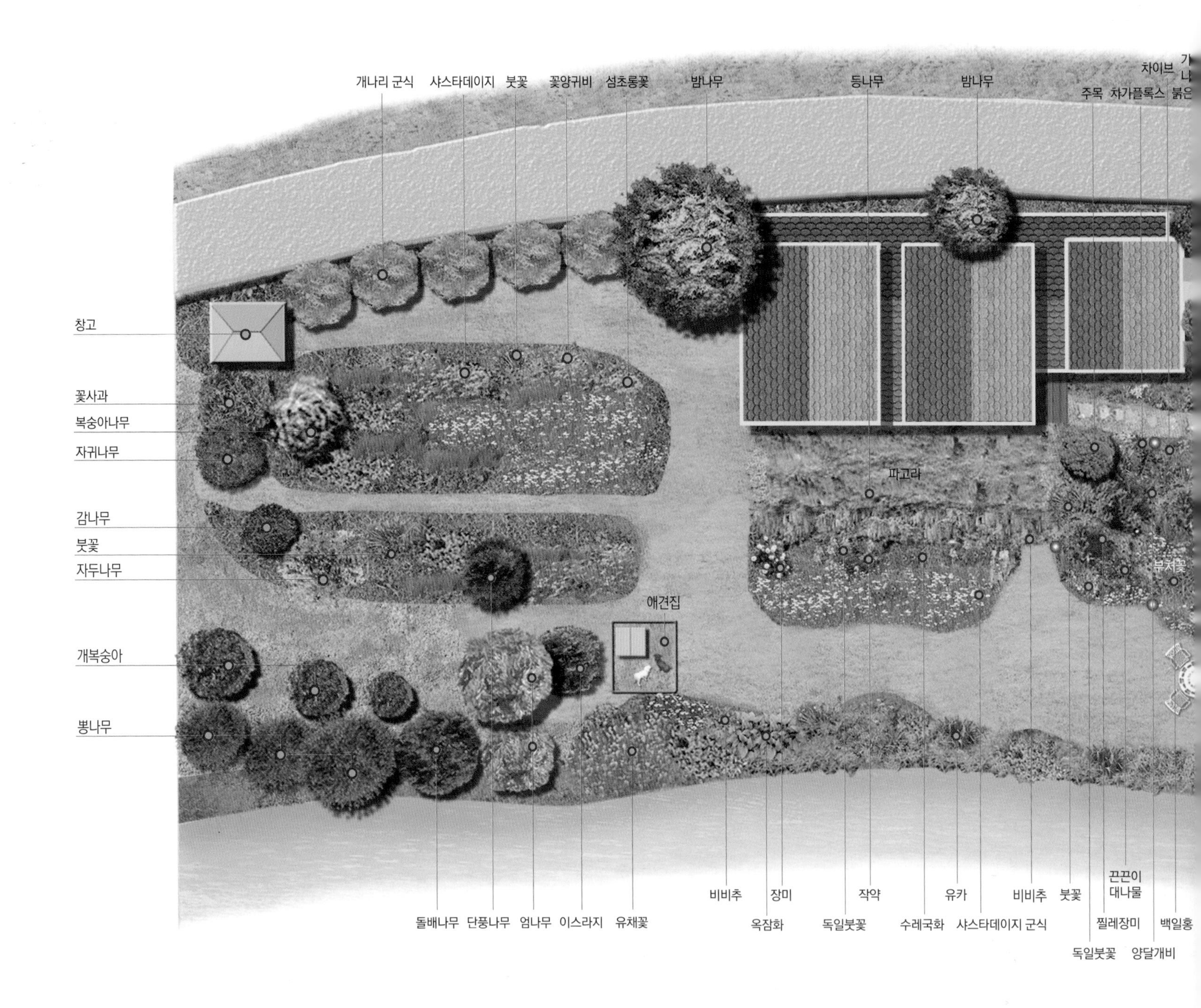

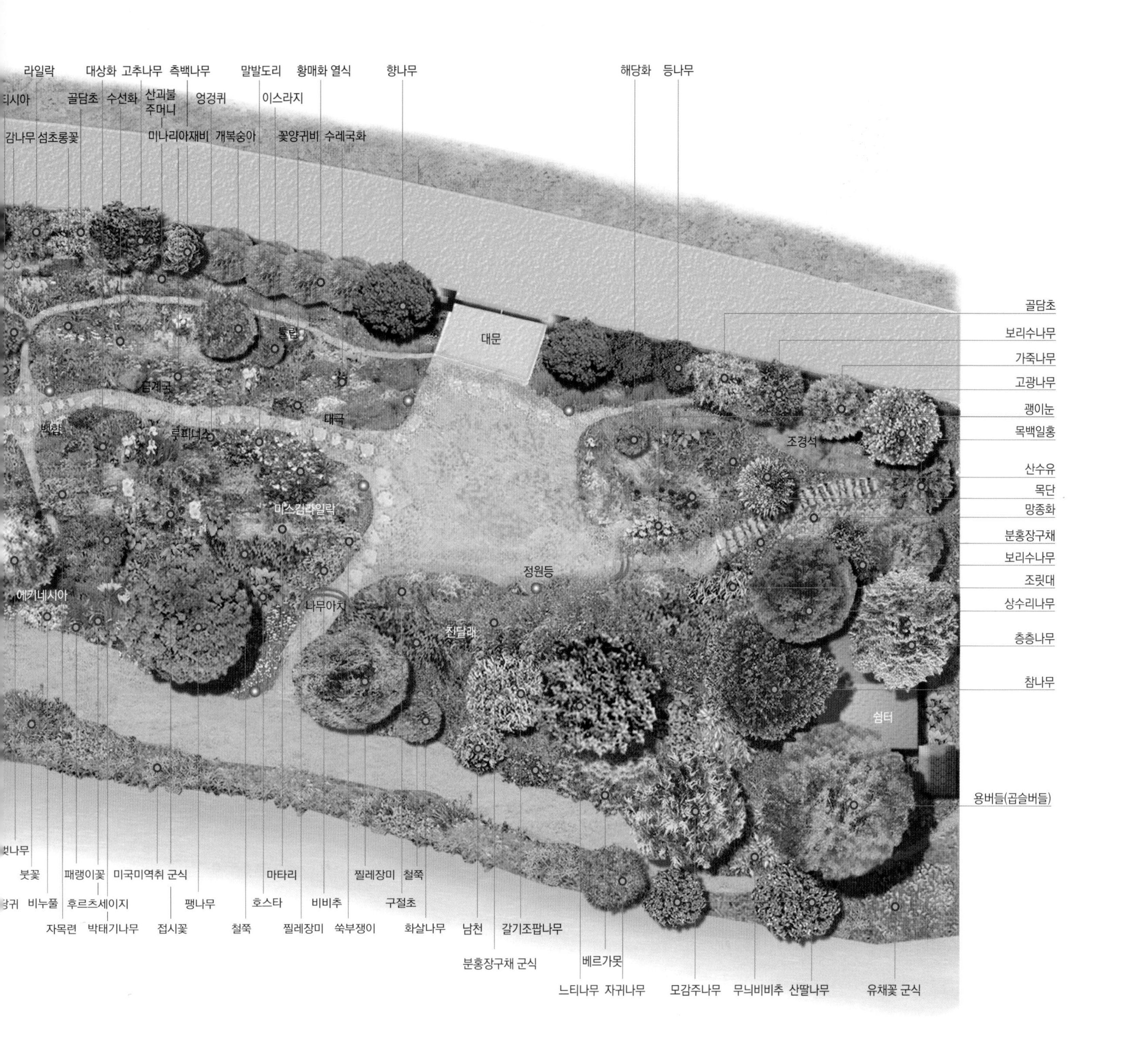
라일락
대상화
고추나무
측백나무
말발도리
황매화 열식
향나무
해당화
등나무
골담초
수선화
산괴불주머니
엉겅퀴
이스라지
섬초롱꽃
미나리아재비
개복숭아
꽃양귀비
수레국화
튤립
대문
대국
백합
루피너스
미스킴라일락
정원등
나무아치
진달래
조경석
쉼터
에키네시아
골담초
보리수나무
가죽나무
고광나무
괭이눈
목백일홍
산수유
목단
망종화
분홍장구채
보리수나무
조릿대
상수리나무
층층나무
참나무
용버들(곱슬버들)
붓꽃
비누풀
자목련
패랭이꽃
후르츠세이지
박태기나무
미국미역취 군식
접시꽃
팽나무
철쭉
마타리
호스타
찔레장미
비비추
쑥부쟁이
찔레장미
철쭉
구절초
화살나무
남천
갈기조팝나무
분홍장구채 군식
베르가못
느티나무
자귀나무
모감주나무
무늬비비추
산딸나무
유채꽃 군식

주요 나무와 야생화 MAJOR TREE & WILD FLOWER

개나리 | 봄, 3~4월, 노란색

복숭아나무 | 봄, 4~5월, 흰색·연홍색

산괴불주머니 | 봄~여름, 4~6월, 노란색

수선화 | 겨울~봄, 11~3월, 노란색·백색

이스라지/산앵도 | 봄, 5월, 연홍색

진달래 | 봄, 4~5월, 붉은 자주색·연한 분홍색

차가플록스 | 봄, 5월, 연보라색

튤립 | 봄, 4~5월, 빨간색·노란색·흰색 등

튤립, 산괴불주머니, 차가플록스, 수선화, 복사나무, 이스라지(산앵도) 등이
화사하게 피어난 4월의 안개 낀 초원풍 정원.

01_ 샤스타데이지, 분홍장구채, 꽃양귀비, 수레국화, 독일붓꽃, 미나리아재비, 차이브, 으아리 등을 혼합식재하여 정원은 마치 들과 같은 분위기다.

02_ 다양한 야생화와 수목이 어우러져 감수성을 자극하는 5월의 들꽃정원.

03_ 호수를 바라보고 만개한 연보라 등꽃으로 뒤덮인 파고라는 더할 나위 없이 그윽한 정취를 뿜어낸다.

01_ 백합, 독일붓꽃, 샤스타데이지 등 계절 따라 피어날 수많은 종류의 야생화와 화초류가 때를 기다리며 싱그럽게 자라고 있다.
02_ 주목, 감나무, 가막살나무 등의 신록과 차이브, 분홍장구채, 미나리아재비 등이 잔잔하게 어우러진 싱그러운 정원.
03_ 찔레장미, 골담초, 붉은인동, 가막살나무, 감나무, 양달개비, 엉겅퀴 등이 풍성하게 무리 지어 어우러진 모습.

주요 나무와 야생화 MAJOR TREE & WILD FLOWER

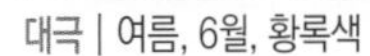

대극 | 여름, 6월, 황록색

독일붓꽃 | 봄~여름, 5~6월, 노란·연홍·보라색 등

등나무 | 봄, 5~6월, 연자주색·백색

밥티시아 | 봄~여름, 5~6월, 보라색

보리수나무 | 봄, 4~6월, 꽃_흰색, 열매_붉은색

분홍장구채 | 봄~여름, 5~6월, 분홍색

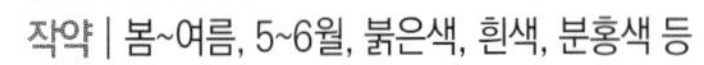

작약 | 봄~여름, 5~6월, 붉은색, 흰색, 분홍색 등

황매화 | 봄, 4~5월, 황색

대문에서 본채까지 통하는 좁은 통로를 제외하고 정원은 대부분 꽃과 나무들이 차지하고 있어 어디서든 정원은 싱그럽고 화사한 분위기를 전한다.

미나리아재비, 차이브, 분홍장구채, 독일붓꽃(아이리스), 샤스타데이지, 등나무, 작약 등이 피어 있는 6월의 정원.

들꽃정원에는 눈에 띄는 조경첨경물이 없다. 그래서 정원보다는 자연스러운 초원과 같은 느낌이 더욱 강하다. 대상화, 마타리, 층층꽃, 비비추, 백일홍, 구절초 등으로 화사하게 채색한 9월의 정원.

01_ 미나리냉이, 독일붓꽃, 차가플록스, 수레국화, 샤스타데이지 등이 조화로운 정원.
02_ 호숫가의 은빛 물결과 하나 된 5월의 아름다운 정원.
03_ 군락을 이룬 토종 붓꽃과 독일붓꽃 뒤로 들꽃정원의 중심이 길게 펼쳐져 있다.
04_ 만개한 솔나물, 붉은조팝나무, 수레국화, 망종화 등이 핀 돌계단을 걸으며 자연스럽고 호젓한 분위기를 즐길 수 있는 곳이다.

주요 나무와 야생화 MAJOR TREE & WILD FLOWER

가막살나무 | 봄, 5월, 흰색

감나무 | 봄, 5~6월, 노란색

골담초 | 봄, 5월, 노란색·주황색

금계국 | 여름, 6~8월, 황색

꽃양귀비 | 봄~여름, 5~6월, 백색·적색 등

끈끈이대나물 | 여름, 6~8월, 붉은색·흰색

루피너스 | 봄~여름, 5~6월, 적색, 보라색 등

샤스타데이지 | 여름, 6~7월, 흰색

캔버스 위 한 폭의 그림을 연상케 하는 6월의 화사한 정원. 꽃양귀비, 샤스타데이지, 끈끈이대나물, 루피너스, 금계국 등이 소담스럽게 피어 있다.

01_ 독일붓꽃(아이리스), 꽃양귀비, 샤스타데이지, 백합 등이 어우러진 모습.
02_ 백합, 꽃양귀비, 끈끈이대나물, 양달개비, 왜당귀 등이 피어있는 6월의 정원.
03_ 멕시칸세이지, 쑥부쟁이, 구절초 등 10월에 핀 꽃들.
04_ 물 들인 듯 독특한 색감의 분홍색 찔레장미가 시선을 끈다.
05_ 고태미가 있는 고목과 붉은색의 튤립이 색상대비를 보이며 멋을 자랑한다.
06_ 서랑호수와 맞닿아 펼쳐진 호숫가 5월의 들꽃정원.
남천 아래 자리 잡은 분홍장구채가 오가는 발걸음을 반겨준다.

04

05

06

주요 나무와 야생화 MAJOR TREE & WILD FLOWER

미스김라일락 | 봄, 4~5월, 진보라색

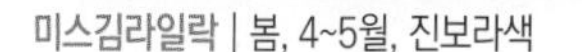

백합 | 봄~여름, 5~7월, 노란색, 흰색, 주황색 등

부처꽃 | 여름, 7~8월, 홍자색

수레국화 | 여름, 6~7월, 청색, 붉은색·분홍색 등

양달개비 | 봄~여름, 5~7월, 자주색

에키네시아 | 여름~가을, 6~8월, 붉은색·노란색 등

패랭이꽃 | 여름, 6~8월, 붉은색

화살나무 | 봄, 5월, 황록색

에키네시아, 비누풀, 백합, 패랭이꽃, 수레국화, 양달개비, 찔레장미 등이 어우러진
6월의 수채화 같은 정원.

01_ 백일홍, 털부처꽃, 꽃범의꼬리, 구절초, 찔레장미 등이 피어있는 9월의 화사한 정원.
02_ 백일홍, 과꽃 등 가을꽃들과 호숫가의 경치가 어우러져 더욱더 아름다운 풍경을 선사하는 들꽃정원.
03_ 흰색 갈기조팝나무와 노란 유채꽃이 절정을 이룬 5월의 호숫가 정원.

01_ 독일붓꽃, 백합, 꽃양귀비, 끈끈이대나물, 샤스타데이지, 찔레장미가 화려하게 만개한 6월의 정원.
02_ 숙부쟁이, 개쑥부쟁이, 구절초, 마타리, 봉숭아, 과꽃 등 가을꽃으로 뒤덮여 가을 정취의 절정을 이룬 9월의 들꽃정원.

01, 02_ 호수 전경이 내려다보이는 휴게소 파고라 지붕을 장식한 등꽃.
03, 04_ 마치 커튼을 드리운 듯 축 늘어진 연보라 등꽃과 시원스럽게 펼쳐진 잔잔한 호수는 보기 드문 최고의 아름다운 풍광을 선사한다.
05, 06_ 오른쪽으로 뒤틀리며 감아 올라가는 덩굴줄기 등나무는 더운 여름 시원한 그늘뿐만 아니라 운치 있는 분위기까지 제공해 준다.

03

04

05

06

전원주택 조경 사례

조경은 한정된 공간에 자연의 모습을 창출해내는 살아 있는 하나의 예술작품으로, 주어진 공간에 자신만의 개성과 취향을 살려 다양한 분위기를 연출해 낼 수 있다. 주변의 수려한 자연경관을 배경 삼아 집을 짓고 넓게 개방한 차경 정원, 오랜 세월 다양한 나무와 꽃으로 풍성하게 가꾼 수목원 같은 정원, 선과 패턴을 이용해 간결한 이미지를 추구한 정원, 손수 디자인하여 만들고 심고 가꾼 정원, 지친 심신의 피로를 치유해주는 힐링 정원 등 집을 짓고 정원을 구상하는 데 참고할 만한 아름답고 다채로운 전원주택 35채의 조경 사례를 소개한다.

CHAPTER 2

01 2,918㎡ 883 py

춘천 신촌리주택

도시풍 주택의 넓게 열린 조경

위　　치	강원도 춘천시 동내면 신촌리
대지면적	3,196㎡(967py)
조경면적	2,918㎡(883py)
조경설계·시공	건축주 직영

모노톤의 간결하고 세련미 있는 도시풍 주택으로 조경면적을 비교적 넓게 조성하여 사방이 활짝 열린 정원이다. 주변이 천혜의 자연경관으로 둘러싸여 있어 멀리까지 시원스럽게 내다보이는 차경을 고스란히 시야에 담는 데 주안점을 두고 조경설계를 하였다. 따라서 건물 전면은 남향을 향해 一자로 중앙 배치하고 넓은 앞마당은 모두 잔디로 조성하여 시원한 여백미를 강조했다. 가장 먼저 키 큰 조형소나무를 잔디마당 곳곳에 요점식재하여 현대 건물에 소나무의 푸르름과 자연미를 더하고, 각각의 소나무 하부에 둔덕을 만들어 키 작은 관목을 심고 조경석을 놓는 등 간결한 이미지의 건물에 어울리는 절제된 디자인으로 열린 공간의 효과를 극대화했다. 전면 경사지는 보강토 블록의 2단 축대를 부드러운 곡선으로 쌓고 밑단에 주로 키 작은 관목류를 열식하여 축대와 함께 정문에 색다른 멋을 연출했다. 뜰 안의 풍경도 좋지만, 주변 환경이 따라 준다면 자신이 좋아하는 풍경 사진을 액자에 담듯 열려있는 모든 공간을 적극적으로 끌어들이는 것도 조경설계의 지혜로운 아이디어다. 차경을 제1정원으로, 간결하고 절제된 디자인의 앞마당을 제2정원으로 두고 안과 밖을 잇는 시각적인 개방감이 탁월한 정원이다.

자연의 품속에서 활개를 편 듯 사방이 모두 거침없이 활짝 열려 있는 정원이다

주요 나무와 야생화 MAJOR TREE & WILD FLOWER

구상나무 봄, 6월, 짙은 자색
한국 특산종으로 나무껍질은 잿빛을 띤 흰색으로 정원수나 크리스마스트리로도 많이 이용한다.

금낭화 봄, 5~6월, 붉은색
전체가 흰빛이 도는 녹색이고 꽃은 담홍색의 볼록한 주머니 모양의 꽃이 주렁주렁 달린다.

남천 여름, 6~7월, 흰색
과실은 구형이며 10월에 붉게 익는다. 단풍과 열매도 일품이어서 관상용으로 많이 심는다.

눈주목 봄, 4월, 갈색·녹색
나비가 높이의 2배 정도로 퍼지고 둥근 컵처럼 생긴 붉은빛 가종피(假種皮) 안에 종자가 들어 있다.

단풍나무 봄, 5월, 붉은색
10m 높이로 껍질은 옅은 회갈색이고 잎은 마주나고 손바닥 모양으로 5~7개로 깊게 갈라진다.

모란 봄, 5월, 붉은색
목단(牧丹)이라고도 한다. 꽃은 지름 15cm 이상으로 크기가 커서 화왕으로 불리기도 한다.

반송 봄, 5월, 노란색·자주색
높이 2~5m로 잎은 2개씩 뭉쳐나며 줄기 밑 부분에서 많은 줄기가 갈라져 우산 모양이다.

불두화 여름, 5~6월, 연초록색·흰색
꽃의 모양이 부처의 머리처럼 곱슬곱슬하고 4월 초파일을 전후해 꽃이 만발하므로 불두화라고 부른다.

산딸나무 봄, 5~6월, 흰색
흰 꽃은 십(十)자 모양으로 성스러운 나무로 사랑받고 있다. 열매는 딸기처럼 붉은빛으로 익는다.

산사나무 봄, 5월, 흰색
9~10월에 지름 1.5cm 정도의 둥근 이과가 달려 붉게 익는데 끝에 꽃받침이 남아 있고 흰색의 반점이 있다.

에메랄드그린 봄, 4~5월, 연녹색
침엽상록 교목으로 서양측백나무의 일종. 에메랄드골드와는 달리 잎은 늘 푸른 녹색을 띤다.

장미 봄, 5~9월, 붉은색 등
장미는 지금까지 2만 5,000종이 개발되었고 품종에 따라 형태, 모양, 색이 매우 다양하다.

주목 봄, 4월, 노란색·녹색
열매는 8~9월에 적색으로 익으며 컵 모양으로 열매 살의 가운데가 비어 있고 안에 종자가 있다.

철쭉 봄, 4~5월, 연분홍색 등
높이 2~5m로 철쭉은 걸음을 머뭇거리게 한다는 뜻의 '척촉(擲燭)'이 변해서 된 이름이다.

황금조팝나무 여름, 6월, 연분홍색
낙엽 관목으로 키는 10cm 정도로 잎이 노란색이며 노지에서도 잘 살아 키우기가 용이하다.

화이트핑크셀릭스 봄, 5~7월, 분홍색
우리말로 표현하면 흰색·분홍색 버드나무란 뜻으로 꽃이 아니며 잎이 계절별로 변하는 수종이다.

조경도면 | Landscape Drawing

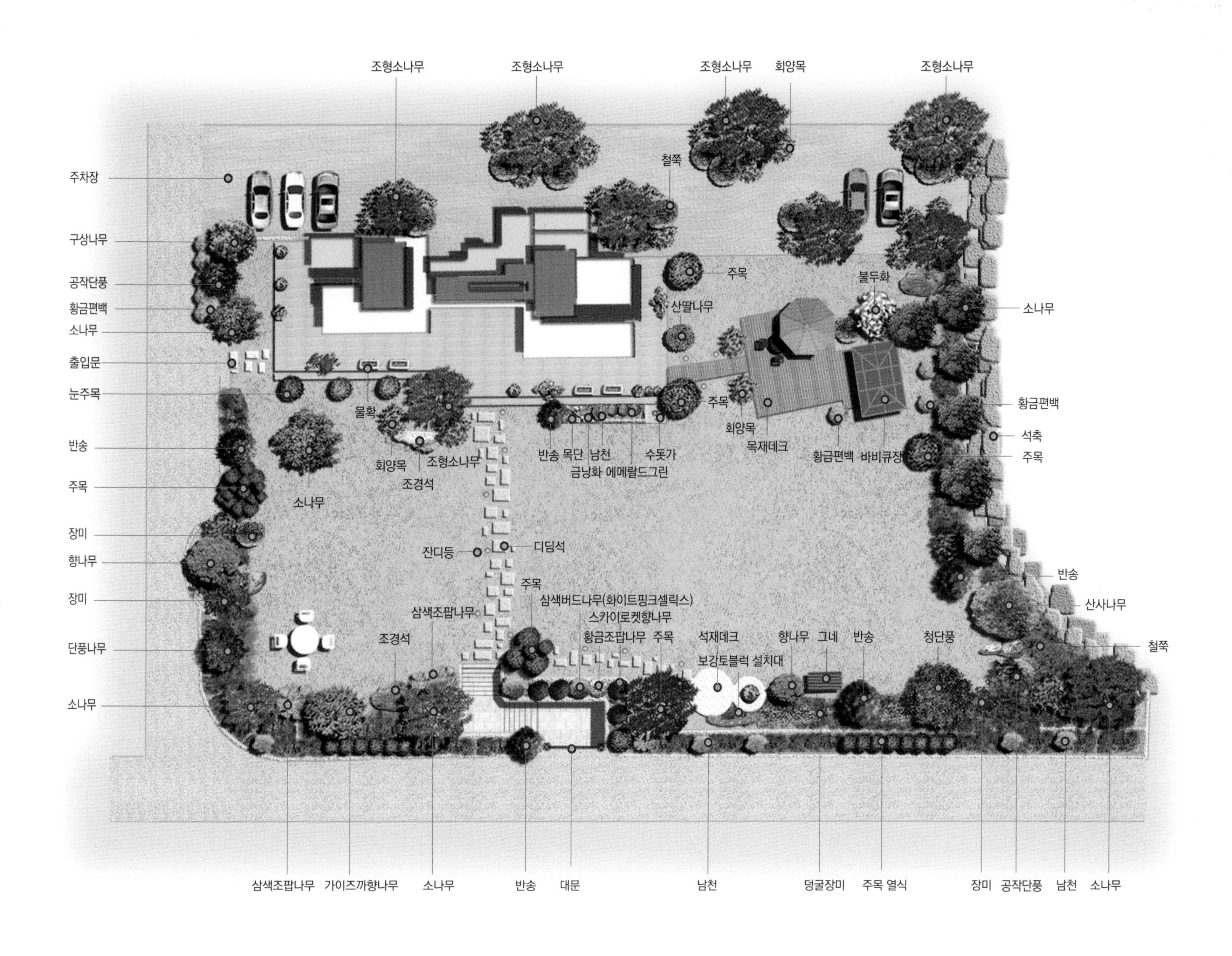

01

02

03

01_ 현대풍의 긴 수평 프레임의 세련된 주택과 시원한 잔디마당이 시선을 끄는 주택과 조경이다.
02_ 키 큰 소나무를 군데군데 요점식재하고 데크 전면 한쪽에 작은 화단을 만들어 낮은 관목과 초화류를 심어 모양을 갖추었다.
03_ 건물 후면에는 자생하던 큰 소나무를 이식하여 수형을 가다듬어 곳곳의 중심목으로 요점식재하였다.
04_ 조경은 곧 자연이고 예술이다. 따라서 정원을 설계할 때는 주어진 조건에서 자신이 원하는 대로 풍경을 연출하는 것도 중요하지만, 집 안팎의 자연환경과 연계하여 계획하는 것도 정원설계의 중요한 포인트다.
05_ 건물 전면 요소요소에 소나무를 요점식재하여 포인트를 주고 넓은 석재데크에 분재를 진열하여 정원의 볼거리를 더했다.

01_ 자연의 푸른 산과 정원의 푸른 잔디는 따로가 아닌 하나의 풍경이다.
02_ 2층에서 내려다본 모습으로 테마가 있고 디자인이 있는 야외 갤러리 같은 분위기의 정원이다.
03_ 보강토블록으로 만든 설치예술 같은 화분대가 정원의 멋진 첨경물이 되었다.

04_ 수형이 아름다운 쌍간 소나무가 정원의 주인공이 되어 아름다운 자태를 뽐낸다.
05_ 넓은 정원 외곽을 따라 장소별로 필요한 수목만을 간결하게 식재하여 공간의 여백미를 주었다.
06_ 건물 우측에 목재데크를 별도로 설치해 야외에서 바비큐 파티할 수 있는 공간을 마련하였다.

01_ 반송을 심고 조경석과 화초류로 아기자기하게 꾸민 화단이다.
02_ 잔디마당과 만나는 계단식 석재데크에 물확과 분재들을 진열해 놓았다.
03_ 크고 작은 판석으로 디딤돌을 놓고 매립형 조경등을 설치했다.
04_ 경사지를 보강토블록으로 곡선을 주어 2단 처리한 대문 입구의 모습.

분재형으로 키운 산수유. 봄을 여는 노란색 꽃은 잎보다 먼저 피고 가을에 달리는 붉은 열매는 약간의 단맛과 함께 떫고 강한 신맛이 난다.

삼면이 산으로 둘러싸인 집과 그린 정원이 일체감을 이루며
사계절 내내 자연의 정취를 느낄 수 있는 곳이다.

02 | 2,529㎡ / 765 py

양평 병산리주택

숲속의 귀족인 자작나무 테마정원

위 치	경기도 양평군 강상면 병산리
대지면적	2,869㎡(868py)
조경면적	2,529㎡(765py)
조경설계·시공	건축주 직영
취재협조	미래하우징

삼면이 산으로 둘러쳐진 숲속에 들어앉은 이 집은 하늘과 산, 정원이 하나 되어 사계절 내내 자연의 정취에 흠뻑 빠질 수 있는 곳이다. 유리난간을 두른 정면의 넓은 석재데크와 그 앞으로 길게 펼쳐진 잔디마당을 중심으로 외곽라인을 따라 수형이 아름다운 교목들이 여유로운 공간 속에 하나하나 작품이 되어 자란다. 개성 있고 매력적인 나만의 정원을 연출하기 위해서는 테마를 정하고 그에 적합한 수종을 선택하는 것이 좋다. 어떤 종류의 식물로 조원할 것인가에 따라 수목정원, 꽃밭정원, 허브정원, 채소정원, 장미정원 등 다양한 테마정원을 구상할 수 있다. 성공적인 테마정원을 위해서는 무엇보다 그 지역의 기후조건을 충분히 고려하여 적합한 수종을 선택하는 것이 중요하다. 다른 곳에서는 키우기에 다소 까다로울 수 있으나 이곳 정원은 곳곳에 이팝나무와 자작나무를 심어 이색적인 풍경으로 심미적인 완성도를 높였다. 유난히 하얀 나무껍질이 아름다워 숲속의 귀족이란 별명이 붙은 자작나무를 길게 이어진 고샅에 군식하여 봄과 여름에는 푸르름으로, 가을에는 노란색 단풍으로, 겨울에는 흰 수피로 계절마다 색다른 모습을 선보이며 오는 손님을 가장 먼저 맞이하는 흔치 않은 자작나무 테마정원이다.

주요 나무와 야생화 MAJOR TREE & WILD FLOWER

공작단풍/세열단풍 봄, 5월, 붉은색
잎이 7~11개로 갈라지고 갈라진 조각이 다시 갈라지며 잎은 가을에 아름다운 빛깔로 물든다.

꽃잔디 봄~여름, 4~9월, 진분홍·보라·흰색
멀리서 보면 잔디 같지만, 아름다운 꽃이 피기 때문에 '꽃잔디'라고도 하며, '지면패랭이꽃'이라고도 한다.

느티나무 봄, 4~5월, 노란색
가지가 고루 퍼져서 좋은 그늘을 만들고 벌레가 없어 마을 입구에 정자나무로 가장 많이 심어진다.

단풍나무 봄, 5월, 붉은색
10m 높이로 껍질은 옅은 회갈색이고 잎은 마주나고 손바닥 모양으로 5~7개로 깊게 갈라진다.

덩굴장미/넝쿨장미 봄, 5~6월, 붉은색
덩굴을 뻗으며 장미꽃을 피워서 이런 이름이 붙었으며 집에서는 흔히 울타리에 심는다.

맥문동 여름, 6~8월, 자주색
짧고 굵은 뿌리줄기에서 잎이 모여 포기를 형성하고 줄기는 곧게 서며 높이 20~50cm이다.

모과나무 봄, 5월, 분홍색
울퉁불퉁하게 생긴 타원형 열매는 9월에 황색으로 익으며 향기가 좋으며 신맛이 강하다.

배롱나무/백일홍/간지럼나무 여름, 7~9월, 붉은색 등
백일홍나무라고도 하며, 나무껍질을 손으로 긁으면 잎이 움직인다고 하여 간지럼나무라고도 한다.

백일홍 여름~가을, 6~10월, 붉은색 등
꽃이 잘 시들지 않고 100일 이상 오랫동안 피어 유지되므로 '백일홍百日紅'이라고 부른다.

벌개미취 여름~가을, 6~9월, 자주색
뿌리에 달린 잎은 꽃이 필 때 진다. 꽃은 군락을 이루면 개화기도 길어 훌륭한 경관을 제공한다.

벚나무 봄, 4~5월, 분홍색
꽃은 잎보다 먼저 피고 산방꽃차례로 3~6개의 꽃이 달린다. 열매는 흑색으로 익으며 버찌라고 한다.

블루베리 봄, 4~6월, 흰색
잎살이 달걀꼴이며 여름부터 가을까지 진한 흑청색, 남색, 적갈색, 빨간색의 공 모양의 열매가 익는다.

이팝나무 봄, 5~6월, 흰색
조선시대에 쌀밥을 이밥이라 했는데 쌀밥처럼 보여 이밥나무라 불리다가 이팝나무로 변했다.

자작나무 봄, 4~5월, 노란색
팔만대장경을 만든 나무로 하얀 나무껍질이 아름다워 숲 속의 귀족이란 별명이 붙어 있다.

철쭉 봄, 4~5월, 흰색 등
진달래와 달리, 철쭉은 독성이 있어 먹을 수 없는 '개꽃'으로 영산홍, 자산홍, 백철쭉이 있다.

튤립 봄, 4~5월, 빨간·노란색 등
관상용 다년생 구근초로 비늘줄기는 달걀 모양이고 원줄기는 곧게 서며 갈라지지 않는다.

조경도면 | Landscape Drawing

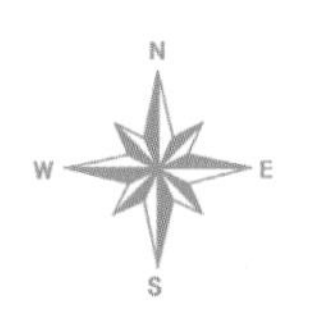

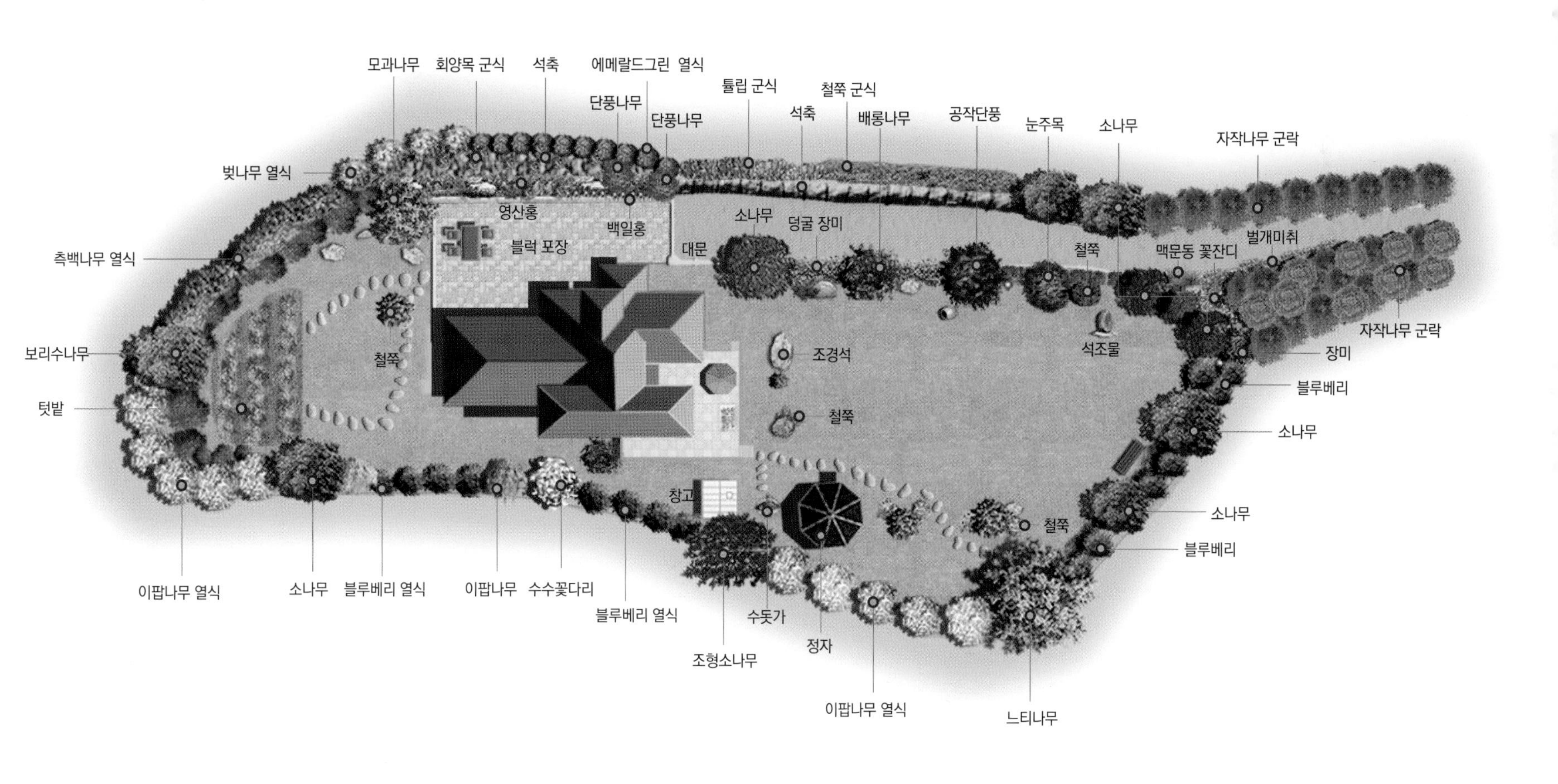

01_ 잔디마당이 완만한 경사와 굴곡을 이루고 있어 자연스러운 입체감이 더해졌다.
02_ 흰색 펜스를 따라 연자방아 첨경물을 놓고 소나무, 배롱나무, 공작단풍, 눈주목을 간격을 두고 열식했다.
03_ 동선을 따라 디딤돌을 놓고 밋밋할 수 있는 잔디마당에 자연석과 관목류로 시선을 이끄는 변화를 주었다.
04_ 비교적 간결한 조경설계로 여백미를 강조한 조용하고 아늑한 분위기의 조경이다.

02

03

04

01_ 석등과 자연석 등 첨경물을 곳곳에 적절하게 배치하여 정원의 볼거리를 더했다.
02_ 정원을 한 눈에 완상할 수 있는 전망 좋은 곳에 육각정자를 설치했다.
03_ 줄기 밑 부분에서 여러 줄기가 갈라져 나와 우산 형태를 이룬 키 큰 반송의 멋진 자태이다.
04_ 100일 동안이나 꽃이 피고 구불구불한 나무줄기가 아름다워 관상용으로 많이 키우는 배롱나무이다.
05_ 정자에서 바라본 정원. 그린 풍경이 프레임 속의 파노라마처럼 펼쳐진다.
06_ 유리난간을 두른 석재데크를 설치해 휴식 겸 생활공간으로 다양하게 활용하고 있다.
07_ 입구 쪽에 잎이 무성한 조형소나무를 요점식재하여 차폐 효과를 거두었다.
08_ 바람이 없는 아늑한 후정의 한 모퉁이에는 소담한 채소밭이 있다.
09_ 넓은 그린 정원과 건축물의 조화를 중시했던 건축주의 구상대로 자연지형과 환경의 이점을 최대한 살린 주택조경이다.
10_ 측정 외곽선을 따라 쌓은 석축은 세월이 지나 수목과 함께 자연스럽게 어우러지며 풍경 좋은 암석원이 되었다.

01

02

03

04

05

06

07

08

09

10

01_ 고샅에 '숲속의 귀족'이란 별명의 자작나무를 심어 이색적인 풍경을 연출했다.
02_ 봄기운이 스멀스멀 피어올라 활기찬 생명력을 찾아가는 고샅의 전경이다.
03_ 펜스와 석축으로 정갈하게 정비된 대문 입구. 주변에 따스한 봄날의 아름다운 풍경이 그림처럼 펼쳐진다.

하얀 나무껍질이 아름다워 숲속의 귀족이란 별명을 가진 자작나무. 마른 나무가 자작자작 소리를 내며 불에 잘 탄다는 데서 유래한 우리말 이름이다.

보강토블록으로 단을 높여 집을 짓고 입구 초입부터 현관까지 양쪽으로 길게 화단을 조성한 화사하고 단아한 분위기의 주택이다.

03

1,568 ㎡
474 py

춘천 안보리주택

노부부를 닮은 소나무정원

위 치 강원도 춘천시 서면 안보리
대 지 면 적 1,736㎡(525py)
조 경 면 적 1,568㎡(474py)
조경설계·시공 건축주 직영
취 재 협 조 미래하우징

건축주인 노부부는 늘 푸르름을 잃지 않는 소나무를 닮았다. 젊은 시절 공직생활과 기업을 일구어 역대 대통령상을 두루 받을 정도로 모범적인 삶을 살아왔다. 삶에 대한 열정만큼이나 소나무에 대한 애정도 커 소일거리로 취미 삼아 시작한 소나무 가꾸기가 지금은 큰 농장으로 이어졌다. 각각의 소나무에는 이름표가 붙어 있고, 건축주의 손에는 늘 전지가위가 들려 있다. 자식처럼 소나무를 보살피고 어루만지니 튼실하게 잘 자라 집안 곳곳은 늘 소나무 향기가 가득하다. 다양한 수형의 소나무가 숲을 이루고 있는 농장의 장점을 최대한 살려 주변과 잘 어울리도록 소나무를 주제로 한 소나무정원을 조성했다. 멀리 있는 소나무 농장을 배경 삼고 뜰 안 정원에는 낮은 관목류와 야생화를 심어 생동감과 화사함을 불어 넣었다. 정원 한쪽에는 나무, 돌, 물, 야생화를 소재로 만든 자연의 축소판, 산수분경을 들여 정원의 핵심 포인트로 삼았다. 돌과 돌을 하나하나 연결해 붙이고 폭포 하단부에는 미니 연못을 만들어 분수를 설치하고 각종 수생식물을 심어, 마치 폭포가 흘러내리는 깊은 산중의 한 장면을 보는 듯하다. 모든 면에서 흐트러짐이 없는 열정적인 삶을 살아온 노부부를 빼닮은 소나무정원이다.

주요 나무와 야생화 MAJOR TREE & WILD FLOWER

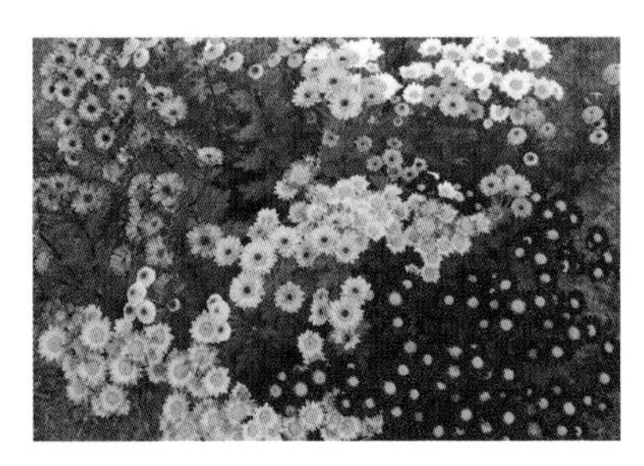

국화 봄~가을, 5~10월, 노란색·흰색 등

다년초로 줄기 밑 부분이 목질화하며 잎은 어긋나고 깃꼴로 갈라진다. 매, 죽, 난과 더불어 사군자의 하나다.

눈향나무 봄, 4~5월, 노란색

원줄기가 비스듬히 서거나 땅을 기며 퍼진다. 향나무와 비슷하나 옆으로 자라 가지가 꾸불꾸불하다.

마삭줄 봄, 5~6월, 흰색

사철 푸른 잎과 진홍색의 선명한 단풍과 함께 꽃과 열매를 감상할 수 있어 관상용으로 키운다.

메리골드 봄~가을, 5~10월, 노란색

멕시코 원산이며 줄기는 높이 15~90cm이고 초여름부터 서리 내리기 전까지 긴 기간 꽃이 핀다.

백일홍 여름~가을, 6~10월, 붉은색 등

꽃이 잘 시들지 않고 100일 이상 오랫동안 피어 유지되므로 '백일홍(百日紅)'이라고 부른다.

봉숭아 여름, 6~8월, 붉은색 외

봉황의 모습을 닮아서 '봉선화'라고도 한다. 옛날부터 부녀자들이 손톱을 물들이는 데 사용했다.

부레옥잠 여름~가을, 8~9월, 보라색

떠다니며 자라고 수염뿌리처럼 생긴 잔뿌리들은 수분과 양분을 빨아들이고, 몸을 지탱한다.

소나무 봄, 5월, 노란색·자주색

항상 푸른 솔의 나무로 바늘잎은 2개씩 뭉쳐나고 2년이 지나면 밑 부분의 바늘잎이 떨어진다.

소사나무 봄, 5월, 연한 녹황색

잎은 어긋나고, 달걀모양이며 길이 2~5cm로 작고 가장자리에 겹톱니가 있고 측맥은 10~12쌍이다.

수국 여름, 6~7월, 자주색 등

중성화(中性花)인 꽃의 가지 끝에 달린 산방꽃차례는 둥근 공 모양이며 지름은 10~15cm이다.

연꽃 여름, 7~8월, 분홍색·흰색

순결과 부활을 상징하는 연꽃은 세상의 유혹에 물들지 않는 순수하고 고결한 정신을 표현하곤 한다.

패랭이꽃 여름~가을, 6~8월, 붉은색

높이 30cm 내외로 꽃의 모양이 옛날 사람들이 쓰던 패랭이 모자와 비슷하여 지어진 이름이다.

펜타스 봄~가을, 5~9월, 분홍색·붉은색 등

20송이 정도의 끝이 뾰족하게 다섯 갈래로 갈라진 꽃들이 우산 모양으로 모여서 달린다.

포체리카 여름~가을, 6~9월, 붉은색 등

쇠비름 종류의 다육식물이므로 햇빛을 많이 봐야 좋은 꽃을 맺을 수 있다.

플록스 여름, 6~8월, 진분홍색

그리스어의 '불꽃'에서 유래되었다. 꽃이 줄기 끝에 다닥다닥 모여 있는 모습이 매우 정열적이다.

황철쭉 봄, 5~6월, 황색·주황색 등

황철쭉의 변종들로 붉은 꽃이 피는 홍철쭉, 노란 꽃이 피는 것도 있는데 황색 꽃이 피는 것이 가장 진귀하다.

조경도면 | Landscape Drawing

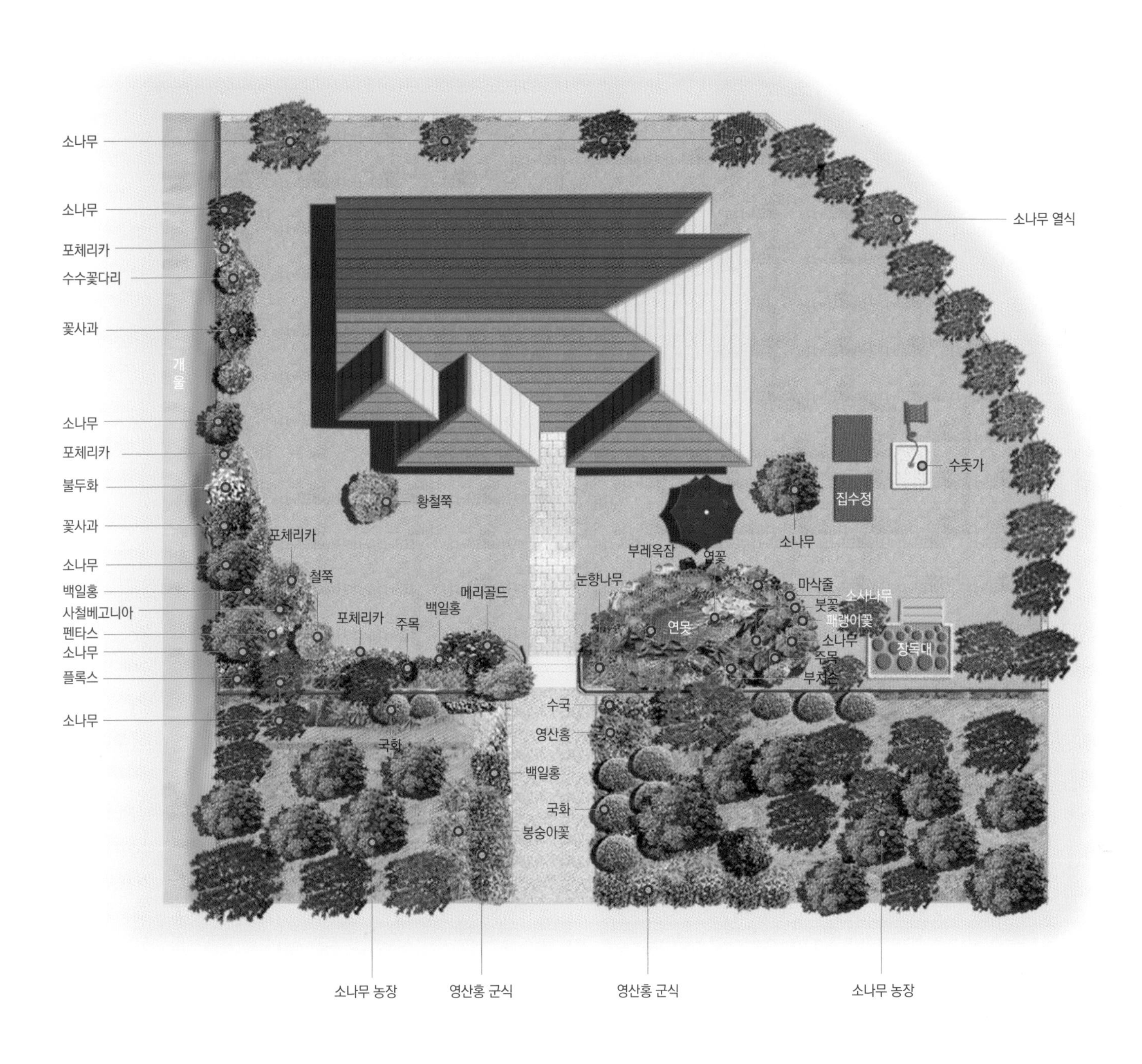

01

02

03

01_ 내부 정원은 물론 주변의 산세와 전면의 소나무와 화초류가 조화를 이루며 풍경을 만든다.
02_ 비어 있는 잔디마당에 귀하고 수형이 아름다운 황철쭉을 포인트로 심었다.
03_ 소나무는 너무 빽빽하지 않게 수형 하나하나의 모양을 제대로 감상할 수 있는 일정한 간격을 두는 것이 좋다. 하부에는 각종 화초류를 풍성하게 심어 정원에 화사한 색채를 입혔다.
04_ 긴 소나무 농장을 지나야 드디어 집에 다다를 수 있다.
05_ 한쪽으로 가지가 치우쳐 굽어진 형태의 사간 소나무는 초입에서 오는 손님을 반갑게 환영하듯 다소곳한 자세로 고개 숙인 모습이다.
06_ 정원 곳곳의 풍경은 매 순간 보는 이의 시선을 사로잡을 만하다. 집주인의 시선은 늘 꽃과 나무, 잔디, 연못으로 향하고 일상으로 이어진다.
07_ 주택 입구에 양쪽으로 펼쳐진 소나무농원. 오랜 세월 물질적·정신적으로 우리에게 많은 영향을 준 소나무에 대한 건축주의 남다른 애정이 읽히는 풍경이다.
08_ 항아리의 햇볕 쬐기를 위해 징크로 단을 높여 만든 장독대다.

01_ 군데군데 식재된 조형소나무들은 소나무정원답게 이 정원의 자랑거리다.
02_ 정원의 핵심 포인트가 된 산수분경 암석원은 마치 폭포가 흘러내리는 깊은 산 중의 한 장면을 보는 듯한 조경예술의 빼어난 감각을 엿볼 수 있다.
03_ 작은 연못에서 힘차게 물줄기를 뿜어내는 분수는 식물과 함께 암석원의 운치를 더한다.

01

02

03

04_ 고산지대에서 역동적으로 쏟아지는 폭포를 보는 듯한 장면이다. 소나무와 바위는 오랜 인고의 시간을 견디며 깊이를 더해가는 점에서 서로 잘 어울리는 닮은꼴이다.
05_ 돌과 돌을 하나하나 연결하여 붙이고 틈 사이에 소나무, 눈향나무, 소사나무, 주목, 마삭줄 등을 조화롭게 식재하여 아름다운 산수분경을 연출했다.
06_ 폭포 하단부에는 작은 연못을 만들고 연꽃, 부레옥잠, 시페리우스, 창포 등 다양한 수생식물을 심어 기르고 있다.

01_ 자연의 나무, 돌, 물, 야생화를 소재로 산수분경을 연출한 암석원의 미니 연못이다.

02_ 고산지대의 높은 벼랑에 늘어져 생장하고 있는 형태의 현애 소나무. 조경예술의 진모를 감상하게 하는 장면이다.

03_ 적당한 수분이 있는 고산지대의 바위틈에서 잘 자라는 부처손은 산수분경에서 빼놓을 수 없는 좋은 소재이다.

이끼는 물속에서 땅 위로 진화한 중간 형태의 식물로, 이끼류들은 흔히 습기 있고 그늘진 곳에서 발견되는데 습기가 많은 땅 위나 바위, 나무줄기 등에 붙어 잘 자란다.

박공지붕의 라인과 매스별로 다른 마감재를 사용해 다소 복잡해 보일 수도 있는 외관을 밝은 색상으로 처리해 시선을 끄는 산뜻한 주택이 되었다.

04 1,340㎡ / 405 py

양평 용천리주택
정원 속의 농장 블루베리 정원

위치	경기도 양평군 옥천면 용천리
대지면적	1,537㎡(465py)
조경면적	1,340㎡(405py)
조경설계·시공	건축주 직영

전원생활 하면 자연을 배경 삼아 지은 멋진 주택과 아름다운 정원 이미지를 먼저 떠올리기 마련이다. 그만큼 전원생활에서 건축주들이 가장 신경을 많이 쓰는 중요한 부분이란 의미이다. 이곳의 전원주택은 울창한 뒷산을 배경으로 주변 경관과 잘 어울리도록 설계하였다. 흔한 전원주택의 모습에서 탈피하고자 외벽을 파란색과 노란색으로 밝게 마감하여 산뜻한 분위기로 주변의 시선을 끄는 개성 넘치는 전원주택의 모습이다. 조경은 전원생활을 하면서 적당히 농사도 짓고 즐길 수 있는 규모로 계획하였다. 비교적 넓은 주정에 계류와 연못을 만들고, 정원 입구 오른쪽에 텃밭을 조성해 블루베리 농사를 하고 있다. 유실수는 봄철에는 꽃을 볼 수 있고, 가을에는 단풍과 잘 익은 열매를 감상하며 수확의 기쁨까지 누릴 수 있어 사계절 풍요로운 유실수 정원 애호가도 많다. 아름다운 정원을 감상하고 수확의 즐거움까지 누리기 위해서는 그만큼 더 부지런해야 한다. 자연은 우리에게 많은 것을 선물한다. 반면 요구하는 것도 많다. 늘 자연과 무언의 소통을 하면서 노력과 정성이 더해져야만 진정으로 자연이 주는 혜택을 보상받으며 즐거운 전원생활을 누릴 수 있는 것이다.

주요 나무와 야생화 MAJOR TREE & WILD FLOWER

구상나무 봄, 6월, 짙은 자색
한국 특산종으로 나무껍질은 잿빛을 띤 흰색으로 정원수나 크리스마스트리로도 많이 이용한다.

구절초 여름~가을, 9~11월, 흰색
9개의 마디가 있고 음력 9월 9일에 채취하면 약효가 가장 좋다는 데서 구절초라는 이름이 생겼다.

금송 봄, 3~4월, 연노란색
잎 양면에 홈이 나 있는 황금색으로 마디에 15~40개의 잎이 돌려나서 거꾸로 된 우산 모양이 된다.

댕강나무 봄, 5월, 흰색
엷은 홍색 꽃이 잎겨드랑이 또는 가지 끝에 두상으로 모여 한 꽃대에 3개씩 꽃이 달린다.

말발도리 봄~여름, 5~6월, 흰색
열매가 말발굽 모양을 하고 있고 꽃잎과 꽃받침조각은 5개씩이고 수술은 10개이며 암술대는 3개이다.

박태기나무 봄, 4월, 분홍색
잎보다 분홍색의 꽃이 먼저 피며 꽃봉오리 모양이 밥풀과 닮아 '밥티기'란 말에서 유래 되었다.

보리수나무 봄, 5~6월, 흰색
꽃은 처음에는 흰색이다가 연한 노란색으로 변하며 1~7개가 산형(傘形)꽃차례로 달린다.

복숭아나무 봄, 4~5월, 붉은색
낙엽 소교목으로 높이는 3m 정도로 복사나무라고도 한다. 열매는 식용하고, 씨앗은 약재로 쓰인다.

블루베리 봄, 4~6월, 흰색
열매는 비타민C와 철(Fe)이 풍부하다. 산성이 강하고 물이 잘 빠지면서도 촉촉한 흙에서만 자란다.

솔체꽃 여름~가을, 7~9월, 하늘색
두해살이풀로 주변부의 꽃은 5개로 갈라지고 중앙부의 꽃은 통상화로 4개로 갈라진다.

앵두나무 봄, 4~5월, 흰색
앵도나무라고도 한다. 꽃은 흰색 또는 연한 붉은색이며 둥근 열매는 6월에 붉은색으로 익는다.

영산홍 봄~여름, 5~7월, 홍자색
일본산 진달래의 일종으로 높이 1m에 잎은 가지 끝에서 뭉쳐나고 꽃은 3.5~5㎝로 넓은 깔때기 모양이다.

이팝나무 봄, 5~6월, 흰색
조선시대에 쌀밥을 이밥이라 했는데 쌀밥처럼 보여 이밥나무라 불리다가 이팝나무로 변했다.

좀작살나무 여름, 7~8월, 자주색
가지는 원줄기를 가운데 두고 양쪽으로 두 개씩 마주 보고 갈라져 작살 모양으로 보인다.

주목 봄, 4월, 노란색·녹색
'붉은 나무'라는 뜻의 주목(朱木)은 나무의 속이 붉은색을 띠고 있어 붙여진 이름이다.

해국 여름~가을, 7~11월, 자주색
바닷가에서 주로 자라고 줄기는 다소 목질화하여 가지가 많이 갈라지며 비스듬히 자란다.

N
E
S
W

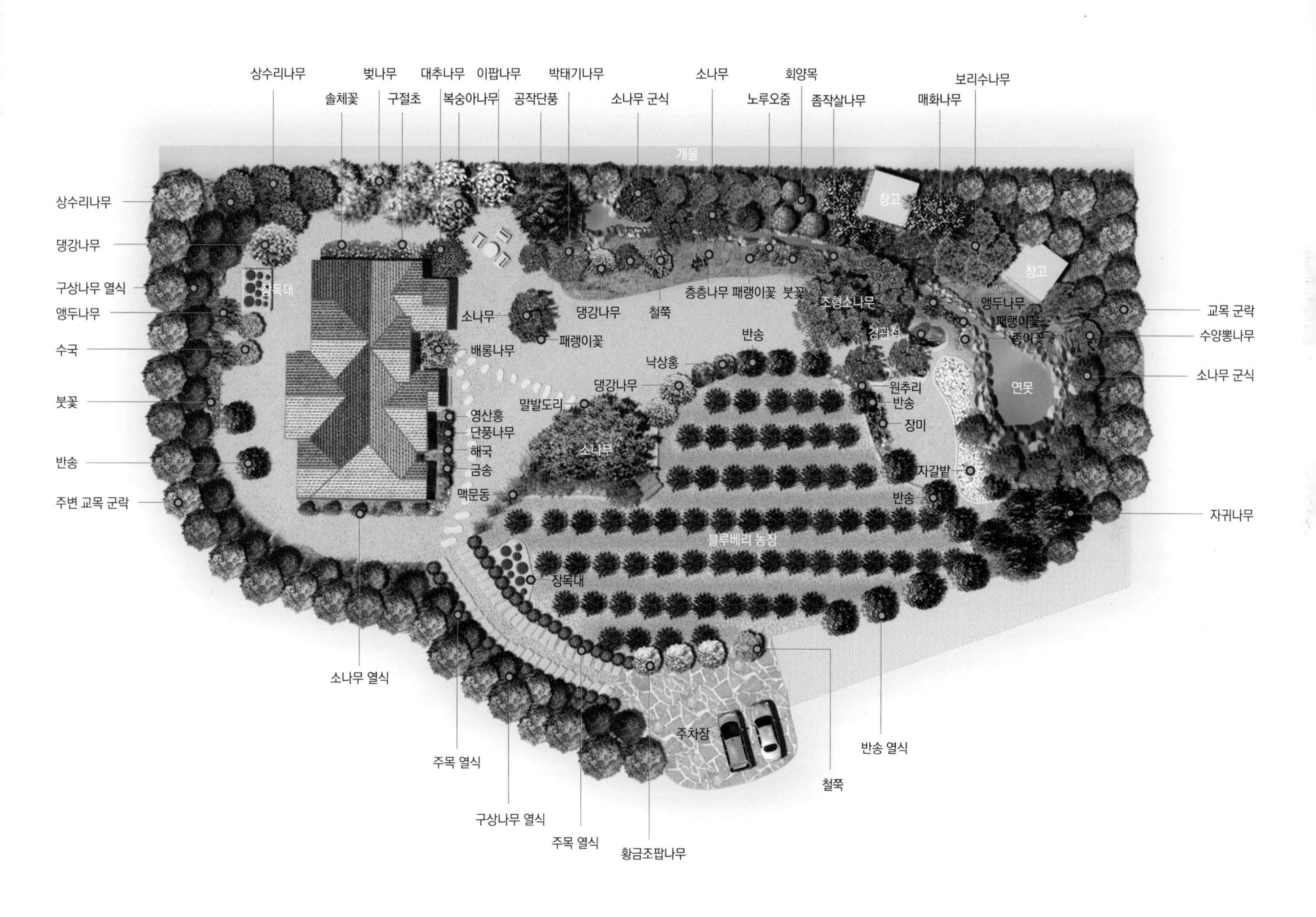
상수리나무
벚나무
대추나무
이팝나무
박태기나무
소나무
회양목
보리수나무
솔체꽃
구절초
복숭아나무
공작단풍
소나무 군식
노루오줌
좀작살나무
매화나무
개울
창고
창고
상수리나무
댕강나무
구상나무 열식
앵두나무
수국
붓꽃
반송
주변 교목 군락
장독대
소나무
패랭이꽃
배롱나무
댕강나무
철쭉
층층나무
패랭이꽃
붓꽃
조형소나무
앵두나무
패랭이꽃
종이꽃
경관석
연못
교목 군락
수양뽕나무
소나무 군식
반송
낙상홍
댕강나무
말발도리
영산홍
단풍나무
해국
금송
맥문동
소나무
원추리
반송
장미
자갈밭
반송
자귀나무
블루베리 농장
장독대
주차장
소나무 열식
주목 열식
구상나무 열식
주목 열식
황금조팝나무
철쭉
반송 열식

01_ 건물 둘레에 화단을 조성하고 낮은 교목과 관목을 심었다.
02_ 구상나무를 배경으로 경계선에 주목 생울타리를 만들어 입체감을 살렸다.
03_ 상공에서 본 자연 속의 정원 모습. 경사진 정원의 속살이 훤히 드러나 보이는 전경이다.
04_ 건물 후정. 대지의 윤곽선을 따라 주목을 식재하고 안쪽으로 벚나무를 심어 차폐 및 데드스페이스를 최소화 했다.

05_ 생긴 그대로의 자연 지형에 잔디마당을 조성하고 계류 옆으로 화단을 조성하였다.
06_ 둔덕을 만들고 소나무와 자연석으로 입체감 있게 조성했다. 키 작은 나무와 야생화를 조화롭게 심어 자연미가 넘치는 정원이다.

01_ 주정원에서 내려다본 정원의 모습. 시야가 탁 트여 조망감이 탁월하다.
02_ 외부 시선이 닿지 않는 소나무와 돌 사이 은밀한 곳에 계류의 발원지를 조성하였다.
03_ 계류가 흐르는 수변에 식물을 심어 연못의 자연스러운 멋을 한 층 더했다.
04_ 산에서 흐르는 물줄기를 돌려 계류를 만들고 연못에 머물다 흘러가게 했다. 가뭄에는 농수원으로 활용한다.

05_ 수간이 구불구불하게 뻗은 곡간형 소나무로 수형이 아름답다.
06_ 주정원 한쪽을 조원하고 야외용 테이블세트를 놓아 여유로운 휴식공간을 마련하였다.
07_ 야생화와 나무, 돌, 기와 등 여러가지 정원 소재를 사용하여 자연스럽게 연출한 정원의 가을 풍경이다.
08_ 한쪽으로 굽어진 사간형 조형소나무 아래에 들어온 그림 같은 전원주택 전경이다.
09_ 출입구 양쪽에 주목을 열식하여 간결하게 정지하고 오른쪽에는 관상 가치가 높은 소나무를 군식하여 시선을 끈다.

경사진 대지를 그대로 살려 온양까치석을 쌓고 그 위에 통나무집을 지었다.
핀란드 목재와 국내 기술이 결합한 원형 통나무주택의 전경이다.

05 | 852 ㎡ / 258 py

가평 호명리주택

수십 년간 정성으로 손수 심어 가꾼 정원

위치	경기도 가평군 청평면 호명리
대지면적	1,002㎡(303py)
조경면적	852㎡(258py)
조경설계·시공	건축주 직영

풍경이 있는 호반에 반하여 마련한 땅에 주말농장을 하면서 나무와 야생화를 심어 가꾸고, 13년이 지나서야 눌러살 계획으로 기존에 있던 낡은 집을 헐고 통나무집을 지었다. 그리고 자연과 벗하며 산 지 벌써 20년의 긴 세월이 지났다. 그런데도 튼실하게 지은 통나무집은 예나 지금이나 크게 변한 것이 없고, 긴 세월만큼 크게 자란 나무들만이 정원을 꽉 채워 주택의 운치를 더해준다. 전원주택의 조경은 자연 그대로의 나무와 돌을 조화시켜 자연풍을 살리는 풍경식을 따르는 것이 주택과 잘 어울린다. 부지의 자연적인 형태라든가 기존에 있던 나무나 돌을 이용하여 정원의 요소로 끌어들인다면 비용도 절약하면서 자연스러움을 더할 수 있어 일석이조의 효과를 거둘 수 있다. 이 집의 정원에 심은 수목류와 화초류는 처음 주말농장에서부터 적은 비용으로 작게 심어 정성으로 키운 것들로 지금은 모두 거목이 되어 자연스럽게 자연의 일부로 녹아들었다. 마치 원래 있던 그대로의 자연을 이용해 조성한 듯 자연의 깊은 멋을 느끼게 하는 나무 한 그루 한 그루에서 자식처럼 가꾸고 키워온 집주인의 오랜 세월의 흔적과 추억을 읽을 수 있다.

주요 나무와 야생화 MAJOR TREE & WILD FLOWER

겹벚꽃나무 봄, 4~5월, 분홍색
벚꽃이 여러 겹이여 붙여진 이름으로 잎도 크고 꽃도 큰 편이어서 꽃만 피면 쉽게 구별할 수 있다.

구상나무 봄, 6월, 짙은 자색
한국 특산종으로 나무껍질은 잿빛을 띤 흰색으로 정원수나 크리스마스트리로도 많이 이용한다.

금낭화 봄, 5~6월, 붉은색
전체가 흰빛이 도는 녹색이고 꽃은 담홍색의 볼록한 주머니 모양의 꽃이 주렁주렁 달린다.

단풍나무 봄, 5월, 붉은색
10m 높이로 껍질은 옅은 회갈색이고 잎은 마주나고 손바닥 모양으로 5~7개로 깊게 갈라진다.

명자나무 봄, 4~5월, 붉은색
정원에 심기 알맞은 나무로 여름에 열리는 열매는 탐스럽고 아름다우며 향기가 좋다.

보리수나무 봄, 5~6월, 흰색
꽃은 처음에는 흰색이다가 연한 노란색으로 변하며 1~7개가 산형(傘形)꽃차례로 달린다.

산철쭉 봄, 4~5월, 연분홍색 등
높이 2~5m로 철쭉은 걸음을 머뭇거리게 한다는 뜻의 '척촉(躑躅)'이 변해서 된 이름이다.

살구나무 봄, 4월, 붉은색
꽃은 지난해 가지에 달리고 열매는 지름이 3cm로 털이 많고 황색 또는 황적색으로 익는다.

영산홍 봄~여름, 5~7월, 홍자색
일본산 진달래의 일종으로 높이 1m에 잎은 가지 끝에서 뭉쳐나고 꽃은 3.5~5㎝로 넓은 깔때기 모양이다.

옥잠화 여름~가을, 8~9월, 흰색
꽃은 총상 모양이고 화관은 깔때기처럼 끝이 퍼진다. 저녁에 꽃이 피고 다음 날 아침에 시든다.

자목련 봄, 4월, 자주색
꽃은 잎보다 먼저 피고 꽃잎은 6개로 꽃잎의 겉은 짙은 자주색이며 안쪽은 연한 자주색이다.

작약 봄~여름, 5~6월, 분홍색 등
줄기는 여러 개가 한 포기에서 나와 곧게 서고 꽃은 지름 10cm로 아름다워 원예용으로 심는다.

주목 봄, 4월, 노란색·녹색
열매는 8~9월에 적색으로 익으며 컵 모양으로 열매 살의 가운데가 비어 있고 안에 종자가 있다.

진달래 봄, 4~5월, 붉은색
진달래의 붉은색이 두견새가 밤새 울어 피를 토한 것이라는 전설 때문에 두견화라고도 한다.

튤립 봄, 4~5월, 빨간·노란색 등
꽃은 1개씩 위를 향하여 빨간색·노란색 등 여러 빛깔로 피고 길이 7cm 정도이며 넓은 종 모양이다.

할미꽃 봄, 4~5월, 자주색
흰 털로 덮인 열매의 덩어리가 할머니의 하얀 머리카락같이 보여서 '할미꽃'이라는 이름이 붙었다.

조경도면 | Landscape Drawing

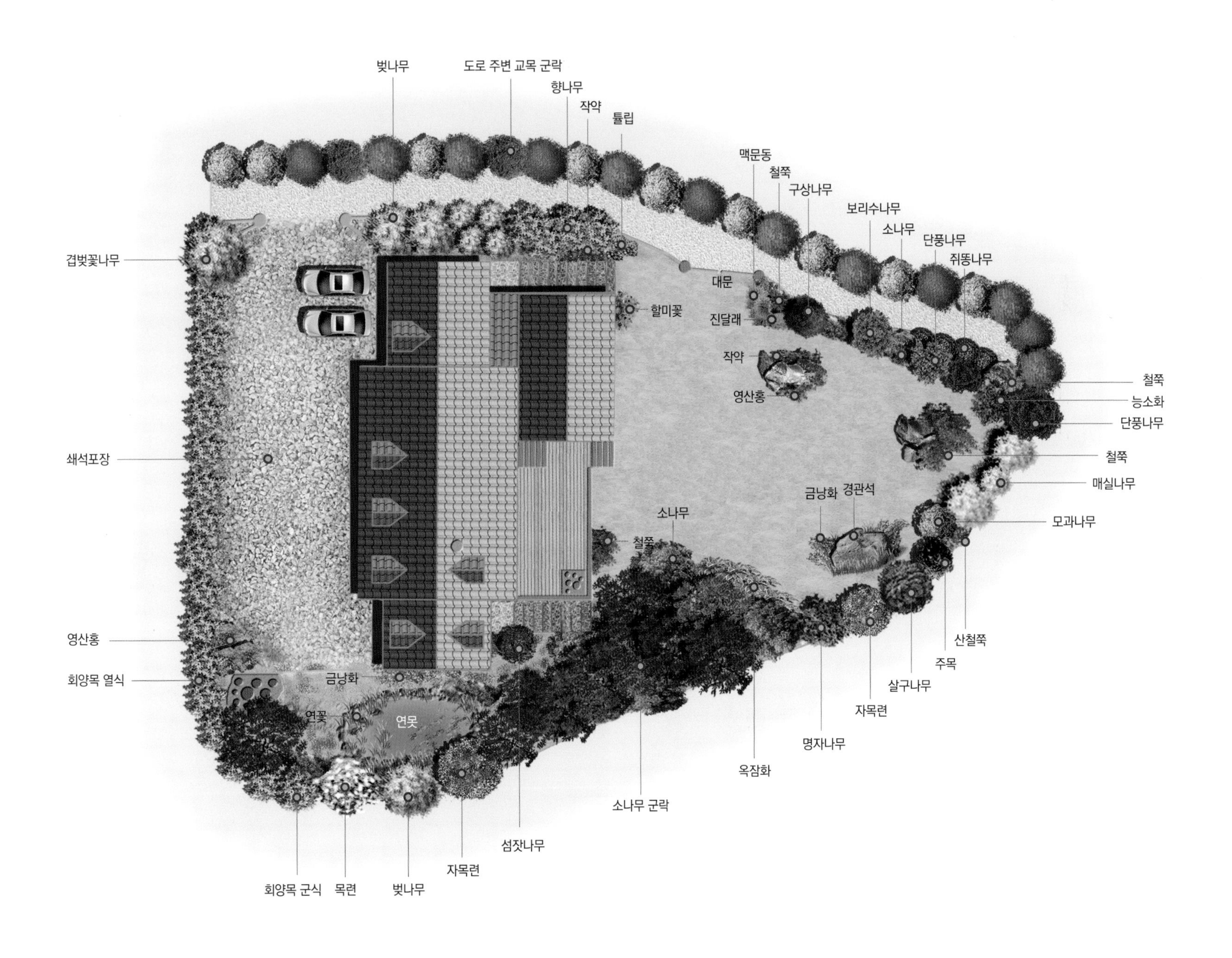

01

02

03

04

05

01_ 경사를 이룬 정원 가운데에 자연석을 놓고 철쭉과 영산홍으로 포인트를 주었다.
02_ 주방으로 이어지는 오른쪽 계단 주변에 낮은 화단을 만들어 볼거리를 제공한다.
03_ 담홍색의 볼록한 주머니 모양의 꽃이 주렁주렁 달린 금낭화가 무게감 있는 집의 분위기를 밝게 한다.
04_ 낮은 울타리로 주변 산의 경관을 끌어들여 마당이 훨씬 넓게 보이는 확장효과를 냈다.
05_ 잔디밭은 주변의 경관과 주택의 조경을 자연스럽게 연결하여 동시에 즐길 수 있는 매개 역할의 공간이다.
06_ 통나무집 좌측에 둔덕을 만들고 소나무를 군식하여 시각적인 균형을 맞췄다.
07_ 경사지에 주목과 철쭉을 심어 돌출된 안방을 가리는 차폐 효과를 거두었다.
08_ 현관에서 바라다본 모습으로 배경으로 삼은 나무는 대체로 키가 큰 교목이다.

06

07

08

01_ 집 앞에 넓은 데크를 설치하여 정원에 펼쳐진 풍경을 감상하면서 즐길 수 있는 공간을 마련하였다.
02_ 큰 교목 밑에는 그늘에서도 잘 자라는 음지식물을 심었다.
03_ 자연석 사이로 키 작은 관목과 화초류가 조화를 이루며 아기자기한 모습으로 피어있다.

01

02

03

04_ 주변 산세가 나지막이 부드럽고 아늑한 곳의 집터이다.
05_ 야생화는 단조롭지 않게 연속성을 유지할 수 있어 뜰에 심어 놓으면 해마다 자연의 아름다움을 만끽할 수 있다.
06_ 봄의 생동감과 화사함을 전하는 만개한 금낭화의 모습이다.
07_ 건물의 배면으로 경사지를 그대로 활용하여 앞쪽에서 보면 2층, 뒤쪽에서 보면 단층처럼 보인다.

04

05

06

07

06

799 ㎡
242 py

양평 봉상리주택

몸과 마음의 수련장, 힐링정원

위 치	경기도 양평군 단월면 봉상리
대지면적	998㎡(302py)
조경면적	799㎡(242py)
조경설계·시공	건축주 직영

정원을 화원처럼 잘 가꾸어 놓은 이 주택은 자연환경과 어우러지면서 고급주택의 풍모를 드러낸다. 두 세대가 독립공간으로 생활할 수 있게 지은 2층 목조주택의 본채와 단층인 별채, 지붕이 있는 파고라 형태의 차고가 일자형으로 배치되어 있고, 나머지 799㎡(242평)의 넓은 공간은 모두 정원으로 조성되어 있다. 대문을 들어서면 잔디 사이로 동선을 유도하는 디딤돌들이 정갈하게 깔려있고, 잘 손질된 잔디마당과 개울을 지나면서 데크를 두른 주택 외관이 시선을 끈다. 본채와 별채 사이의 넓은 주정에 계류와 작은 연못을 만들고 징검다리를 놓아 두 세대간 공간을 자연스럽게 분리하였다. 잔디와 화단의 경계선은 자연석과 통나무말뚝을 사용하여 자연미를 더하고, 다채로운 평면 디자인으로 조경의 완성도를 높였다. 아름답게 잘 가꾸어 놓은 전원주택의 정원은 한정된 내부 생활공간으로부터 탈피해 언제든지 외부의 넓은 자연과 교감함으로써 때로는 자아를 성찰하고 마음을 바로 세우는 심신의 도장이 되기도 한다. 주인장에게 정원의 의미는 몸과 마음의 수련장으로 식물들과 끊임없이 마음속 대화를 나누는 정원가꾸기 과정에서 더불어 함께 사는 즐거움과 마음의 평온함을 얻는다.

정원 양쪽으로 자연석과 판석을 이용해 만든 화단이 깔끔하게 잘 정리되어 있다.

주요 나무와 야생화 MAJOR TREE & WILD FLOWER

국화 봄~가을, 5~10월, 노란색·흰색 등

다년초로 줄기 밑 부분이 목질화하며 잎은 어긋나고 깃꼴로 갈라진다. 매, 죽, 난과 더불어 사군자의 하나다.

끈끈이대나물 여름, 6~8월, 붉은색

2년초로 윗부분의 마디 밑에서 점액이 분비된다. 이 때문에 '끈끈이대나물'이라 이름이 붙여졌다.

느티나무 봄, 4~5월, 노란색

가지가 고루 퍼져서 좋은 그늘을 만들고 벌레가 없어 마을 입구에 정자나무로 가장 많이 심어진다.

능소화 여름, 7~9월, 주황색

옛날에는 능소화를 양반집 마당에만 심을 수 있었다 하여 '양반꽃'이라고 부르기도 한다.

단풍나무 봄, 5월, 붉은색

10m 높이로 껍질은 옅은 회갈색이고 잎은 마주나고 손바닥 모양으로 5~7개로 깊게 갈라진다.

돌단풍 봄, 4~5월, 흰색

잎의 모양이 5~7개로 깊게 갈라진 단풍잎과 비슷하고 바위틈에서 자라 '돌단풍'이라고 한다.

매실나무 봄, 2~4월, 흰색 등

꽃은 잎보다 먼저 피고 연한 붉은색을 띤 흰빛이며 향기가 나고, 열매는 공 모양의 녹색이다.

백일홍 여름~가을, 6~10월, 붉은색 등

꽃이 잘 시들지 않고 100일 이상 오랫동안 피어 유지되므로 '백일홍(百日紅)'이라고 부른다.

벚나무 봄, 4~5월, 분홍색

꽃은 잎보다 먼저 피고 산방꽃차례로 3~6개의 꽃이 달린다. 열매는 흑색으로 익으며 버찌라고 한다.

붓꽃 봄~여름, 5~6월, 보라색

약간 습한 풀밭이나 건조한 곳에서 자란다. 꽃봉오리의 모습이 붓과 닮아서 '붓꽃'이라 한다.

수국 여름, 6~7월, 자주색 등

중성화(中性花)인 꽃의 가지 끝에 달린 산방꽃차례는 둥근 공 모양이며 지름은 10~15cm이다.

작약 봄~여름, 5~6월, 분홍색 등

줄기는 여러 개가 한 포기에서 나와 곧게 서고 꽃은 지름 10cm로 아름다워 원예용으로 심는다.

장미 봄, 5~9월, 붉은색 등

장미는 지금까지 2만 5,000종이 개발되었고 품종에 따라 형태, 모양, 색이 매우 다양하다.

큰꽃으아리/클레마티스 봄~여름, 5~6월, 분홍색 등

꽃은 10~15cm로 흰색, 연한 자주색 등 다양하게 있고 가지 끝에 원추꽃차례로 1개씩 달린다.

향나무 봄, 4월, 노란색

높이 20m로 7~8년생부터 부드러운 비늘잎이지만, 새싹은 잎사귀에 날카로운 바늘잎이 달린다.

화살나무 봄, 5월, 녹색

많은 줄기에 많은 가지가 갈라지고 가지에는 화살의 날개 모양을 띤 코르크질이 2~4줄이 생겨난다.

조경도면 | Landscape Drawing

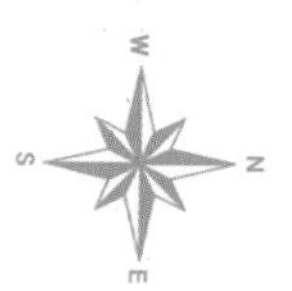

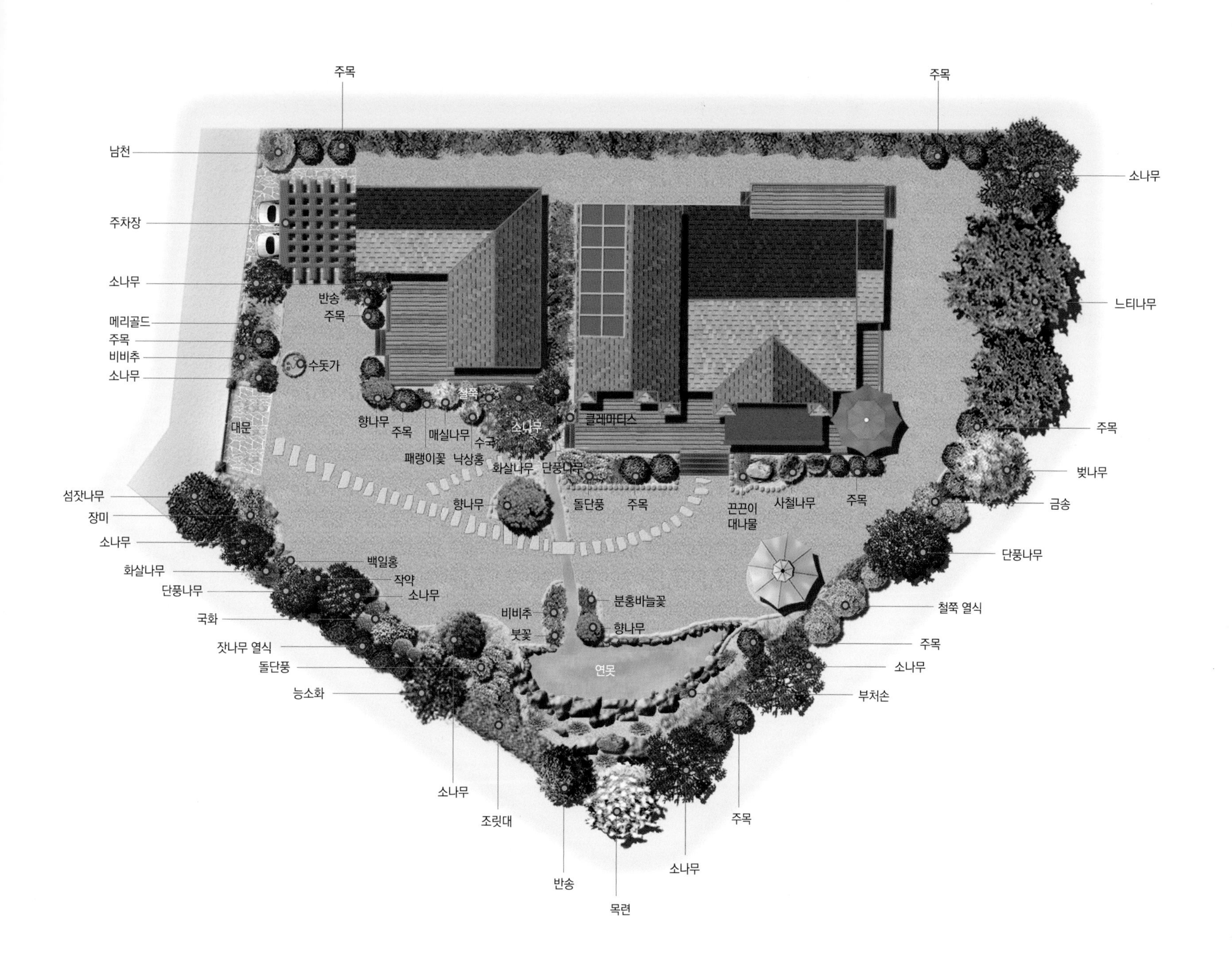

01_ 정원 가운데에 의자 일체형 테이블을 놓아 휴식공간을 마련했다.
02_ 데크는 어떻게 틀을 짜고 모양을 잡느냐에 따라서 주택 외관을 돋보이게 한다.
03_ 친환경적인 목조주택과 잘 가꾼 정원이 주변의 자연환경과 일체감을 이룬다.
04_ 잔디밭은 넓고 시원한 느낌이 들도록 비워두고 가장자리를 따라 다양한 수종을 식재하여 풍성한 정원이다.

05_ 본채와 별채 사이에 개울이 흐르고 그 옆으로 누운 조형 향나무가 자리를 잡았다.
06_ 데크를 지나 개울 사이에 판석과 평석교를 놓고, 이어 대문으로 향하는 동선에 디딤돌을 놓았다.
07_ 각종 조경수와 야생화, 작은 연못과 개울이 흐르는 정원의 풍경은 마치 작은 수목원에 와 있는 듯하다.
08_ 본채 데크에서 바라본 입구의 모습.

06

05

07

08

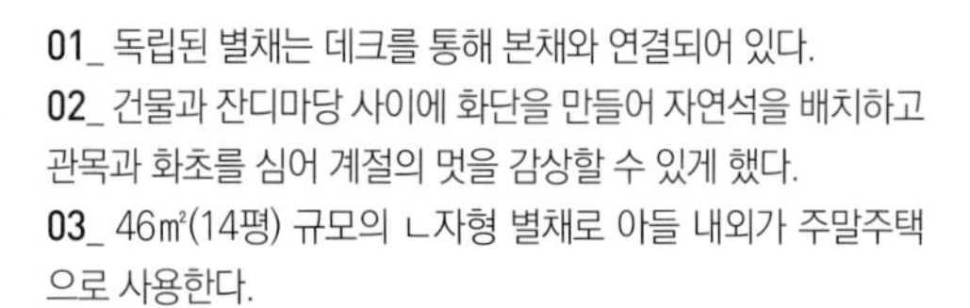

01_ 독립된 별채는 데크를 통해 본채와 연결되어 있다.
02_ 건물과 잔디마당 사이에 화단을 만들어 자연석을 배치하고 관목과 화초를 심어 계절의 멋을 감상할 수 있게 했다.
03_ 46㎡(14평) 규모의 ㄴ자형 별채로 아들 내외가 주말주택으로 사용한다.

04_ 눈비를 피할 수 있는 지붕 있는 파고라 주차장이다.
05_ 전원주택의 친근감이 느껴지는 낮은 돌담과 대문이다.
06_ 시원스럽게 활짝 열린 낮은 대문과 잔디마당, 자연이 배경이 된 조화로움이 아름다운 풍경이 된 집이다.
07_ 느티나무 단풍으로 가을의 정취가 물씬 느껴지는 서정적인 분위기의 긴 진입로 모습이다.

273-18

논과 밭, 멀리 나지막한 산들이 하나의 풍경으로 다가오는 목가적 분위기의 전원주택이다.

07 692 ㎡ 209 py

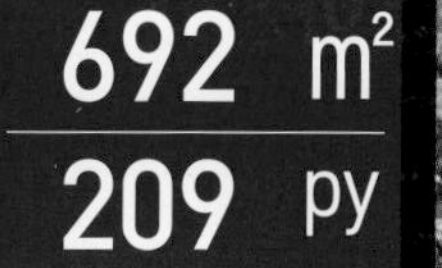

이천 송라리주택

고즈넉한 풍경이 있는 목가적인 정원

위　　치 경기도 이천시 대월면 송라리
대지면적 831㎡(251py)
조경면적 692㎡(209py)
조경설계·시공 조경나라 꽃나라

주변은 논과 밭이 펼쳐져 있고 멀리 나지막한 들과 산들이 하나의 차경으로 다가오는 곳이다. 조용한 목가적 분위기의 언덕에 자리 잡은 현대식 전원주택으로 넓은 잔디마당과 채소밭, 수공간, 주차장을 두루 갖추었다. 미술을 전공한 건축주는 조경공사 전 어떻게 시작하면 좋을지 막연한 생각으로 밑그림을 그려 정리한 후, 조경 전문업체인 조경나라와 상담을 해나가는 과정에서 하나둘씩 구체화하여 아름다운 정원 만들기에 자신감을 갖게 되었다. 수종은 가능한 단순화시키고 외곽선을 따라 나무를 열식하여 아늑하고 조용한 분위기에 어울리는 조경계획을 세웠다. 넓은 대지에 시원스럽게 잔디를 깔아 푸르름을 강조하고 잎과 가지가 조밀하고 수형이 아름다운 원추형 에메랄드그린으로 생울타리를 조성해 차폐 효과를 냈다. 조형소나무를 요점식재하고 부부애를 표현한 쌍간의 반송과 한그루에서 청색과 홍색의 두 가지 색채가 나는 공작단풍을 정원의 포인트로 식재했다. 소나무 아래에는 서로 잘 어울리는 표주박 형태의 돌로 만든 미니폭포와 고풍스러운 석등을 설치하여 키우고 보는 즐거움을 더했다. 집 앞에 넓게 펼쳐진 논밭과 한 데 어울려 농촌의 목가적 풍경 속 그림이 된 고즈넉한 분위기의 정원이다.

주요 나무와 야생화 MAJOR TREE & WILD FLOWER

꽃사과 봄, 4~5월, 흰색 등
잎은 사과 잎보다 연한 녹색으로 광택이 나며 꽃은 한 눈에서 6~10개의 흰색·연홍색의 꽃이 핀다.

꽃잔디 봄~여름, 4~9월, 진분홍·보라·흰색
멀리서 보면 잔디 같지만, 아름다운 꽃이 피기 때문에 '꽃잔디'라고도 하며, '지면패랭이꽃'이라고도 한다.

꽃창포 여름, 6~7월, 자주색
높이가 60~120cm로 줄기는 곧게 서고 줄기나 가지 끝에 붉은빛이 강한 자주색의 꽃이 핀다.

공작단풍/세열단풍 봄, 5월, 붉은색
잎이 7~11개로 갈라지고 갈라진 조각이 다시 갈라지며 잎은 가을에 아름다운 빛깔로 물든다.

눈향나무 봄, 4~5월, 노란색
원줄기가 비스듬히 서거나 땅을 기며 퍼진다. 향나무와 비슷하나 옆으로 자라 가지가 꾸불꾸불하다.

모과나무 봄, 5월, 분홍색
울퉁불퉁하게 생긴 타원형 열매는 9월에 황색으로 익으며 향기가 좋으며 신맛이 강하다.

무늬둥굴레 봄~여름, 5~7월, 흰색
높이는 30~60cm로 꽃은 줄기 밑 부분의 셋째부터 여덟째 잎 사이의 겨드랑이에 한두 개가 핀다.

바위취 봄, 5월, 흰색
햇빛이 없는 곳에서도 잘 자라며 돌계단, 축대 사이에 심으면 봄에 하얀 꽃을 볼 수 있다.

벚나무 봄, 4~5월, 분홍색
꽃은 잎보다 먼저 피고 산방꽃차례로 3~6개의 꽃이 달린다. 열매는 흑색으로 익으며 버찌라고 한다.

보리수나무 봄, 5~6월, 흰색
꽃은 처음에는 흰색이다가 연한 노란색으로 변하며 1~7개가 산형(傘形)꽃차례로 달린다.

불두화 여름, 5~6월, 연초록색·흰색
꽃의 모양이 부처의 머리처럼 곱슬곱슬하고 4월 초파일을 전후해 꽃이 만발하므로 불두화라고 부른다.

붓꽃 봄~여름, 5~6월, 흰색·보라색 등
약간 습한 풀밭이나 건조한 곳에서 자란다. 꽃봉오리의 모습이 붓과 닮아서 '붓꽃'이라 한다.

옥잠화 여름~가을, 8~9월, 흰색
꽃은 총상 모양이고 화관은 깔때기처럼 끝이 퍼진다. 저녁에 꽃이 피고 다음날 아침에 시든다.

작약 봄~여름, 5~6월, 붉은색·흰색
높이 60cm로 꽃은 지름 10cm 정도로 1개가 피는데 크고 탐스러워 '함박꽃'이라고도 한다.

플록스 여름, 6~8월, 진분홍색
그리스어의 '불꽃'에서 유래되었다. 꽃이 줄기 끝에 다닥다닥 모여 있는 모습이 매우 정열적이다.

화이트핑크셀릭스 봄, 5~7월, 분홍색
우리말로 표현하면 흰색·분홍색 버드나무란 뜻으로 꽃이 아니며 잎이 계절별로 변하는 수종이다.

조경도면 | Landscape Drawing

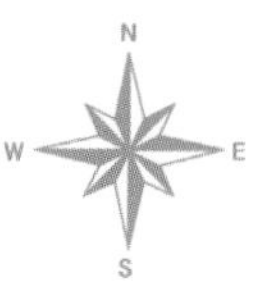

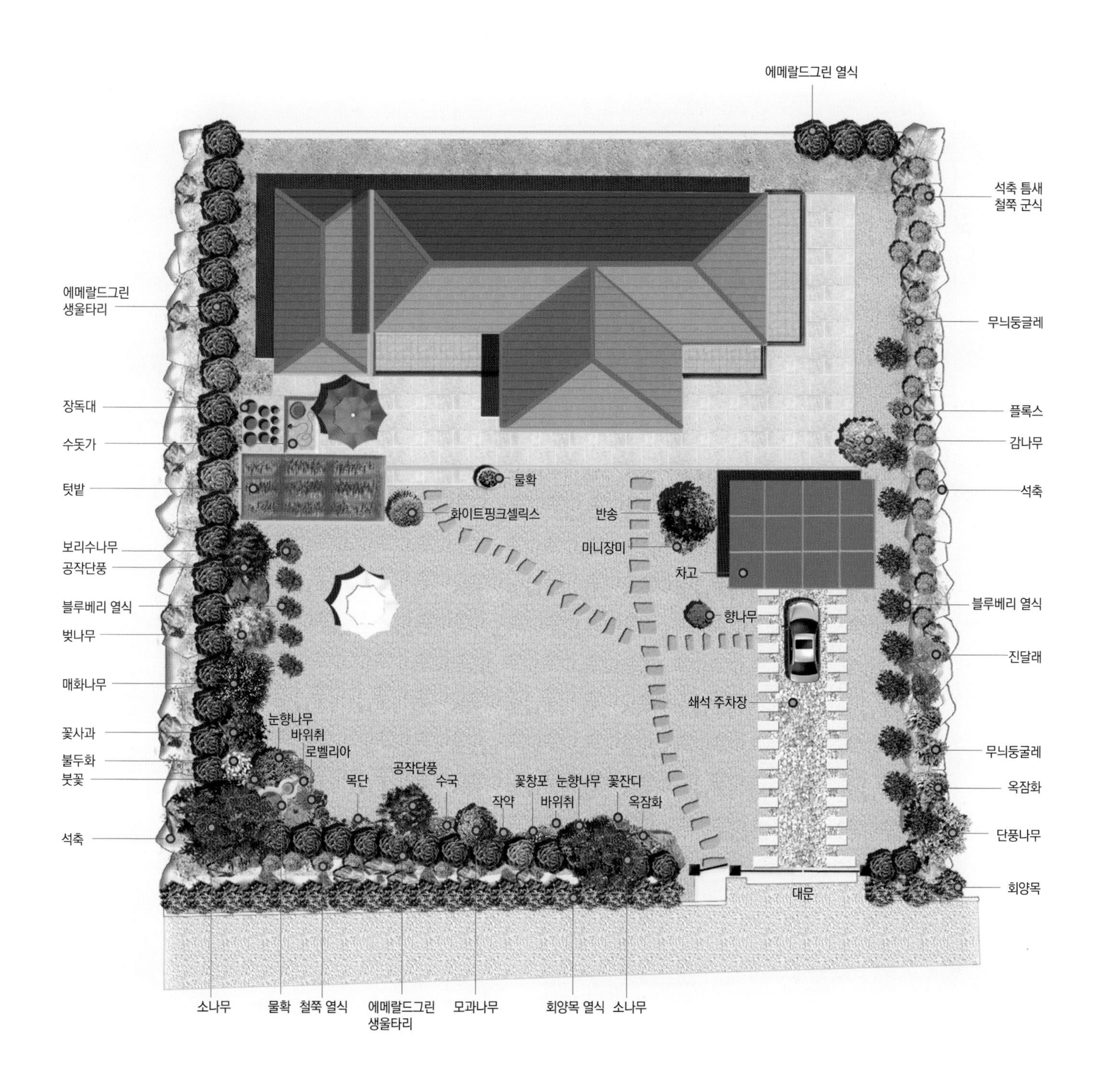

01_ 판석과 쇄석을 깔아 주차공간을 넓게 확보하였다.
02_ 목가적인 농촌 풍경과 넉넉한 잔디마당이 시원스럽게 들어오는 현관 입구다.
03_ 경사지에서 내려다본 정원과 농촌 전경이 어우러져 하나의 풍경을 이룬다.

01

03

02

04_ 경사지 정지를 위해 안팎으로 쌓은 석축에 키 작은 철쭉류와 초화류를 틈새식재 하여 또 하나의 정원 암석원이 되었다.
05_ 데크 옆에 작은 채소밭과 수돗가를 만들었다. 싱싱한 채소를 직접 키워 먹을 수 있다는 것은 전원생활에서 누릴 수 있는 또 하나의 즐거움이다.
06_ 잎과 가지가 조밀하고 수형이 좋은 원추형 에메랄드그린으로 생울타리를 만들어 차폐 효과를 냈다.
07_ 대문 옆에 수형이 멋진 조형소나무를 요점식재 하였다.

05

06

04

07

01

02

03

04

05

06

01_ 소나무 밑에 눈향나무, 꽃창포, 옥잠화, 무늬둥굴레, 꽃잔디 등을 심어 볼거리를 제공하고 있다.
02_ 소나무는 석등, 물확 등 전통적인 요소와 잘 어울린다.
03_ 표주박 형태의 물확 주변에 바위취, 옥잠화, 로벨리아, 꽃잔디, 눈향나무 등 낮은 식물을 심었다.
04_ 단을 이루고 있는 미니폭포 아래 작은 수공간에 오리 가족이 나들이 나왔다.
05_ 통나무 조각과 물확을 연결한 간단한 구조지만, 생명의 물은 언제나 감성을 부른다.
06_ 같은 뿌리에서 두 갈래로 균형감 있게 갈라져 자란 소나무 쌍간으로 부부애를 의미한다.
소나무 밑으로 붉은 미니장미를 심었다.
07_ 넓은 잔디마당 한쪽에 원형테이블을 놓아 풍경이 있는 휴식공간을 마련했다.
08_ 한그루에서 청색과 홍색, 두 가지 색의 잎이 나는 공작단풍은 정원의 주인공으로 부부애를 상징한다. 다.

07

08

판석과 대리석 등 석재를 주로 이용하여
현대적 분위기의 주택과 조화를 이룬 조경디자인이다.

08 656 ㎡ / 198 py

양평 명달리주택
자연 숲과 어우러진 명품정원

위치	경기도 양평군 서종면 명달리
대지면적	809㎡(245py)
조경면적	656㎡(198py)
조경설계·시공	건축주 직영

건축 경험이 많은 집주인은 기능을 더한 고급스러운 현대적 전원주택에 잘 어울리는 명품정원을 구상했다. 천혜의 자연경관을 자랑하는 집터는 사방이 병풍처럼 산으로 둘러싸인 구릉지에 위치해 주변 풍광이 멀리까지 내려다보이는 조망감이 탁월하다. 사방으로 시원스럽게 열린 정원은 주변의 울창한 숲과 어우러져 어디서든 계절 따라 변하는 자연의 깊은 정취를 흠뻑 느낄 수 있다. 조경 디자인은 고급스러운 모던주택의 외관과 주변이 서로 조화가 잘 이루어지도록 하는 데 주안점을 두었다. 주 출입구부터 정원 내부의 동선까지 다양한 패턴의 판석과 장대석 등 주로 석재를 이용하여 명품정원의 면모를 연출하며 주택과의 조화를 꾀하였다. 주정원의 전면에는 넓은 석재데크를 설치하여 여유있는 휴식공간을 두고, 정원 곳곳에는 수형이 아름다운 조형소나무를 요점식재하고 각종 야생화로 색을 더했다. 수석, 조각품, 대형분재 등 군데군데 고급스러운 첨경물들을 적절히 배치하여 정원의 감상미를 한층 고조시켜 간결하고 깔끔한 갤러리 같은 분위기의 정원을 연출했다. 천혜의 자연경관과 탁 트인 조망감, 조경에 대한 건축주의 남다른 식견을 잘 반영하여 아름답고 품격있게 완성한 숲속의 명품정원이다.

주요 나무와 야생화 MAJOR TREE & WILD FLOWER

공작단풍/세열단풍 봄, 5월, 붉은색

잎이 7~11개로 갈라지고 갈라진 조각이 다시 갈라지며 잎은 가을에 아름다운 빛깔로 물든다.

눈주목 봄, 4월, 갈색·녹색

나비가 높이의 2배 정도로 퍼지고 둥근 컵처럼 생긴 붉은 빛 가종피(假種皮) 안에 종자가 들어 있다.

단풍나무 봄, 5월, 붉은색

10m 높이로 껍질은 옅은 회갈색이고 잎은 마주나고 손바닥 모양으로 5~7개로 깊게 갈라진다.

동백나무 봄, 12~4월, 붉은색

5~7개의 꽃잎은 비스듬히 퍼지고 수술은 많으며 꽃잎에 붙어서 떨어질 때 함께 떨어진다.

모과나무 봄, 5월, 분홍색

울퉁불퉁하게 생긴 타원형 열매는 9월에 황색으로 익으며 향기가 좋으며 신맛이 강하다.

배롱나무/백일홍/간지럼나무 여름, 7~9월, 붉은색 등

100일 동안 꽃이 피어 '백일홍' 또는 나무껍질을 손으로 긁으면 잎이 움직인다고 하여 '간지럼나무'라고도 한다.

백리향 여름, 6~7월, 분홍색

원줄기는 땅 위로 퍼져 나가고 어린 가지가 비스듬히 서며 향기가 있어 관상용으로 심는다.

비비추 여름, 7~8월, 보라색

꽃은 한쪽으로 치우쳐서 총상으로 달리며 화관은 끝이 6개로 갈래 조각이 약간 뒤로 젖혀진다.

빈카마이너 봄, 4~5월, 보라색

원예용으로 늘 푸른 덩굴풀이다. 연보랏빛 꽃은 바람개비 모양이고, 다른 나무 아래 심어도 잘 자란다.

소나무 봄, 5월, 노란색·자주색

항상 푸른 솔의 나무로 바늘잎은 2개씩 뭉쳐나고 2년이 지나면 밑 부분의 바늘잎이 떨어진다.

애기아주가 봄, 5~6월, 보라색

꽃은 5~6월에 걸쳐 푸른 보라색으로 피며 꽃대 높이는 15~20cm이다. 잎이나 줄기에 털이 없다.

전나무 봄, 4~5월, 녹색

젓나무라고도 한다. 높이 40m, 지름 1.5m에 달하며 잎은 선형으로 가지에 촘촘히 달린다.

패랭이꽃/석죽 여름~가을, 6~8월, 붉은색

높이 30cm 내외로 꽃의 모양이 옛날 사람들이 쓰던 패랭이 모자와 비슷하여 지어진 이름이다.

화살나무 봄, 5월, 녹색

많은 줄기에 많은 가지가 갈라지고 가지에는 화살의 날개 모양을 띤 코르크질이 2~4줄이 생겨난다.

황금조팝나무 여름, 6월, 연분홍색

낙엽 관목으로 키는 10cm 정도로 잎이 노란색이며 노지에서도 잘 살아 키우기가 용이하다.

회화나무 여름, 7~8월, 노란색

높이 25m로 가지가 퍼지고 작은 가지는 녹색이며 작은 잎은 7~17개씩이고 꽃은 원추꽃차례로 달린다.

조경도면 | Landscape Drawing

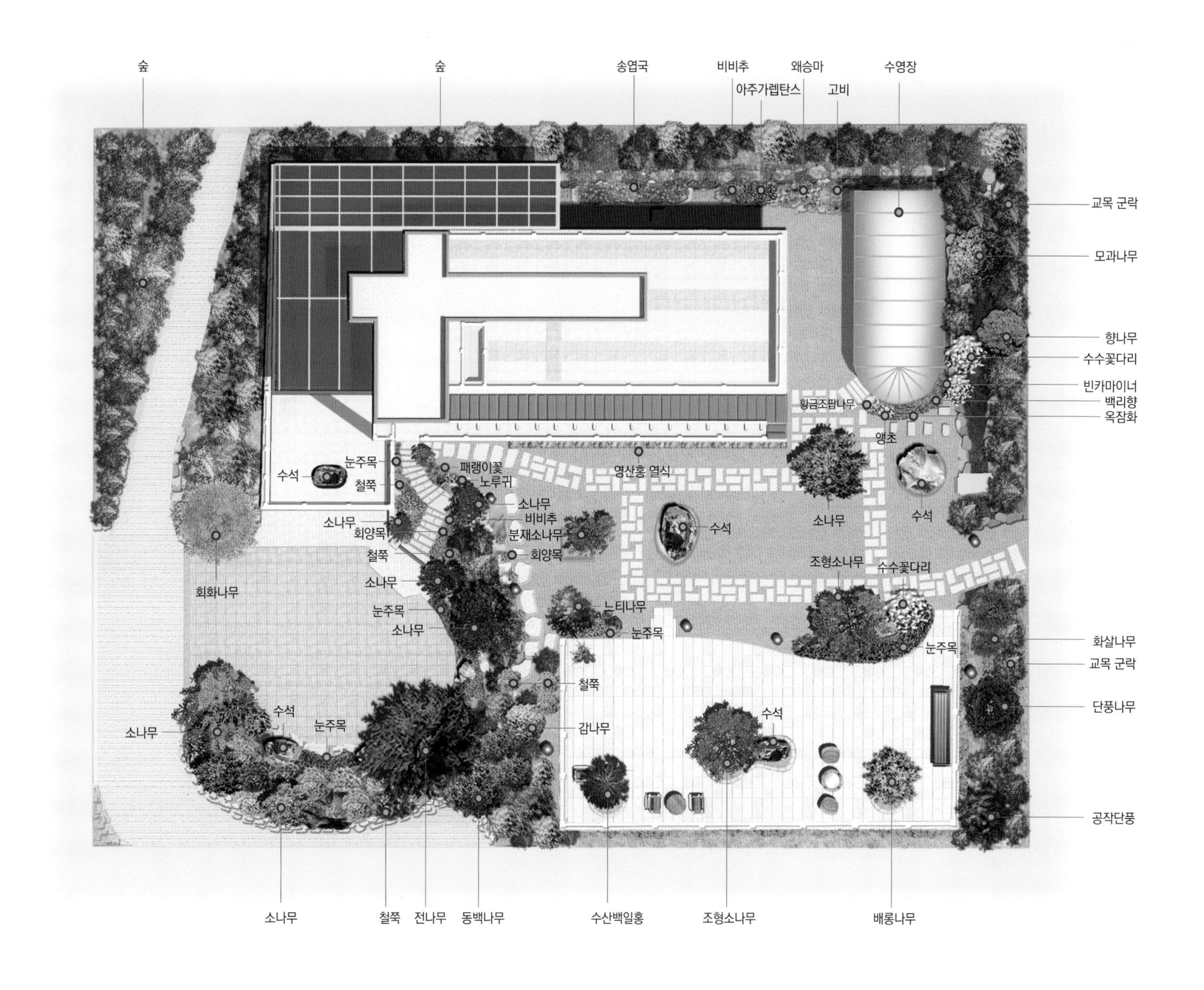

01_ 징크와 대리석으로 외장을 마감한 현대적인 고급스러운 디자인으로 조경과 어우러진 명품 전원주택이다.
02_ 첨경물을 잘 활용한 갤러리 같은 분위기의 정원이다.
03_ 드론 촬영 장면. 주택의 사면이 녹음으로 둘러싸여 있어 상쾌한 공기를 마시며 휴식을 취할 수 있는 휴양지 같은 정원이다.
04_ 거실의 전면창을 통해 실내에서도 정원의 아름다운 풍경을 감상할 수 있다.
05_ 옥상에서 내려다본 주정원의 모습. 경관석과 분재 등, 조경첨경물을 적절히 배치하고 조형소나무를 군데군데 요점식재하는 등 공간의 여백미를 더한 정원디자인이다.
06_ 주변의 산과 정원이 일체감을 이룬다. 사계절 자연의 정취를 한껏 느낄 수 있는 곳이다.

04

05

06

01

02

03

01_ 석조형물, 수석, 괴석 등과 같은 첨경물을 구성요소로 잘 활용하여 더욱 돋보이는 조경이다.
02_ 옥상에서 내려다본 잘 정돈된 정원의 모습.
03_ 주택 앞쪽에 판석을 놓아 대문으로 이어지는 동선을 만들었다.
04_ 데크 위의 처마를 길게 내어 비를 피하고 햇빛을 차단할 수 있는 기능을 살렸다.
05_ 곳곳에 놓인 조형 작품들은 정원을 모던한 분위기로 이끄는 중요한 요소이다.
06_ 정원 한쪽에 벤치와 의자를 배치하여 편히 쉴 수 있는 휴식공간을 조성했다.
07_ 긴 세월의 흔적이 묻어나는 분재형 소나무와 괴석이 서로 의지하며 조화를 이룬다.
08_ 낮은 울타리 뒤로는 자연 상태를 그대로 유지하고 가깝게 낮은 관목으로 공간미를 살렸다.

01

02

03

01_ 길게 다듬어 만든 장대석을 계단의 주요재료로 사용하여 중후한 무게감이 느껴진다.
02_ 계단 양쪽을 자연석으로 처리한 후 돌 틈새에 야생화와 메지목을 심었다.
03_ 측정은 바닥을 대리석으로 디자인하여 주차공간으로 활용하고 있다.
04_ 입구에 비스듬히 식재한 부분에 여백을 두어 시원함을 주는 소나무를 심고 차고 옆에는 회화나무를 요점식재 하여 상징성을 부여했다.
05_ 경사지를 2단으로 처리하여 자연스러운 입체감을 살렸다.

화단에 현무암을 쌓아 둔덕을 만들고 송엽국과 각종 야생화를 심어 풍성하게 가꾸었다.

09 608 ㎡ 184 py

춘천 거두리주택

농촌풍경 속 자유로운 정원

위치	강원도 춘천시 동내면 거두리
대지면적	752㎡(228py)
조경면적	608㎡(184py)
조경설계·시공	조경나라 꽃나라

풍요로운 농촌풍경이 있어 좋고, 꾸미지 않은 소박함과 자유로움이 있어 더욱 정감이 가는 정원이다. 정원과 농사짓는 과수원은 돌계단과 정자로 연결된다. 경사지에 누각 형태의 정자를 짓고, 넓은 데크 위에는 사각과 원형의 플랜트를 놓아 키 작은 블루베리와 화초류를 심어 화단을 대신했다. 농사일로 바쁜 손길을 생각해 잔디는 피하고 나무와 야생화 위주로 정원을 소박하게 꾸며 농촌활동에 지장이 없도록 분주한 농부의 마음을 헤아렸다. 다양한 종류보다는 정원의 경사지를 따라 적재적소에 필요한 수목만으로 간결한 조경계획을 세워 편리한 관리에 촛점을 맞추었다. 전체 대지가 언덕 위 경사지에 놓여 있어 주변의 농촌풍경이 한눈에 들어오는 정면과 우측면의 조망감은 살리면서 주변 자연경관과의 조화를 꾀했다. 우리나라는 어디를 가든 아름다운 산과 물을 접할 수 있다. 그러므로 좀 더 자연스럽고 자유로운 정원을 원한다면 가능한 있는 그대로 자연 상태를 변형하지 않으면서 최소한의 보강만으로 정원을 설계하고 조원하는 것을 추천한다. 정자에 앉아 몸과 마음을 따뜻하게 해주는 달콤한 동국차를 맛볼 수 있는 농촌풍경 속 자유로운 정원이다.

주요 나무와 야생화 MAJOR TREE & WILD FLOWER

금송 봄, 3~4월, 연노란색
잎 양면에 홈이 나 있는 황금색으로 마디에 15~40개의 잎이 돌려나서 거꾸로 된 우산 모양이 된다.

끈끈이대나물 여름, 6~8월, 붉은색
2년초로 윗부분의 마디 밑에서 점액이 분비된다. 이 때문에 '끈끈이대나물'이라 이름이 붙여졌다.

담쟁이덩굴 여름, 6~7월, 녹색
덩굴손은 끝에 둥근 흡착근(吸着根)이 있어 돌담이나 바위 또는 나무줄기에 붙어서 자란다.

대추나무 여름, 6~7월, 황록색
높이 7~8m로 열매는 길이 2~3cm로 타원형의 핵과로 9~10월에 녹색이나 적갈색으로 익는다.

등나무 봄, 5~6월, 연자주색
높이 10m 이상의 덩굴식물로 타고 올라 등불 같은 모양의 꽃을 피우는 나무라는 뜻이 있다.

메리골드 봄~가을, 5~10월, 노란색
멕시코 원산이며 줄기는 높이 15~90cm이고 초여름부터 서리 내리기 전까지 긴 기간 꽃이 핀다.

밤나무 여름, 6월, 흰색
산기슭이나 밭둑에서 자라는 낙엽교목으로 꽃은 암수한 그루로서 피고 열매는 견과로서 9~10월에 익는다.

불두화 여름, 5~6월, 연초록색·흰색
꽃의 모양이 부처의 머리처럼 곱슬곱슬하고 4월 초파일을 전후해 꽃이 만발하므로 불두화라고 부른다.

블루베리 봄, 4~6월, 흰색
열매는 비타민C와 철(Fe)이 풍부하다. 산성이 강하고 물이 잘 빠지면서도 촉촉한 흙에서만 자란다.

뽕나무 여름, 6월, 노란색
오디는 소화 기능과 대변의 배설을 순조롭게 한다. 먹고 나면 방귀가 뽕뽕 나온다고 뽕나무라고 한다.

사철나무 여름, 6~7월, 연한 황록색
겨우살이나무, 동청목(冬靑木)이라고 한다. 추위에 강하고 사계절 푸르러 생울타리로 심는다.

삼색조팝나무 여름, 6월, 분홍색
일본 원산으로 줄기는 모여 나고 높이 1m에 달하며 꽃은 새 가지 끝에 우산 모양으로 달린다.

송엽국 봄~여름, 4~6월, 자홍색 등
줄기는 밑 부분이 나무처럼 단단하고 옆으로 벋으면서 뿌리를 내리며 빠르게 번식한다.

수수꽃다리 봄, 4~5월, 자주색·흰색 등
한국 특산종으로 북부지방의 석회암 지대에서 자라며 향기가 짙은 꽃은 묵은 가지에서 자란다.

은쑥 봄~여름, 5~7월, 노란색
일본 원산인 국화과 다년생 식물로 처음에는 녹색을 띠지만 은회색으로 점차 변한다.

화살나무 봄, 5월, 녹색
많은 줄기에 많은 가지가 갈라지고 가지에는 화살의 날개 모양을 띤 코르크질이 2~4줄이 생겨난다.

조경도면 | Landscape Drawing

01_ 주차장 아래 경사지 법면에는 황금회화나무, 삼색조팝나무, 끈끈이대나물, 가을 국화인 동국 등을 심어 조원하였다.
02_ 좌측 목재데크를 따라 만든 화단에 에메랄드그린, 철쭉 등을 식재했다.
03_ 자두나무, 복숭아나무 농원에서 닭과 오리를 기르고, 주변에 배추와 무, 대파, 고추, 오이 등을 심어 식재료로 사용할 채소를 자체 해결한다.
04_ 잔디 대신 대리석매트로 마감하고 화단에는 나무와 야생화를 중점 식재하여 조경 관리가 편리하도록 했다.

05_ 주차장 바닥을 대리석매트로 마감하고 한쪽에 자연석으로 만든 화단을 길게 배치했다.
푸른 하늘의 배경을 염두에 두고 높게 마운딩하여 식재한 소나무 세 그루가 정원의 포인트다.
06_ 소나무 아래 표주박 모양의 물확으로 미니폭포를 만들어 꾸민 수공간이다.
07_ 미니 암석원을 연출한 수공간은 습도조절 기능이 있어 주변 식물에도 좋은 영향을 미친다.
08_ 사철나무를 배경으로 한 미니 암석원, 가뭄과 습해에도 강해 전원주택 조경에서 자주 볼 수 있는 인기 있는 정원 주제이다.

01_ 정자와 과수원을 잇는 통로역할을 하는 데크는 경사지의 조경과 어울려 편리성과 함께 소박한 정원의 풍경을 이룬다.
02_ 자연석계단 좌·우측에 낮은 관목과 야생화들이 줄지어 피어 있고 오른쪽 약초밭은 화살나무 생울타리로 경계를 삼았다.
03_ 강한 생명력으로 계단 밑 나무에 붙어 자라는 싱그러운 담쟁이덩굴이다.
04_ 황금회화나무. 예로부터 삼정승이 난다고 믿고 심었던 회화나무를 정원에 식재하여 상징성을 부여했다.
05_ 투박한 자연석 계단 틈에 둥지를 틀고 자유분방하게 자라는 송엽국의 화사한 모습에 눈길이 호사를 누린다.

06_ 넓은 데크 위에 커다란 플랜트를 여러 개 놓아 블루베리를 심고, 밑에는 화초류를 심어 화단 대용으로 활용하고 있다.
07_ 데크 위 외벽에 길게 덧대 카보네이트 차양을 만들고 테이블을 놓아 전망 좋은 바람 길목에 여유있는 휴식공간을 마련했다.

이 집은 정남향으로 시원스레 트여있는 정면을 제외한 나머지 삼면이 산이라 용얄요양을 위한 쾌적한 환경을 잘 유지하고 있다.

10

598 m²
181 py

제천 두학동주택

전원생활과 요양을 겸한 정원

위 치	충청북도 제천시 두학동
대 지 면 적	674㎡(204py)
조 경 면 적	598㎡(181py)
조경설계·시공	건축주 직영

전원생활과 암 수술을 받은 아내의 요양을 겸한 친환경 자연치유(Eco-healing) 목적의 통나무주택을 짓고, 우측에는 경사지를 다듬고 양지바른 곳에 현무암으로 구성지게 연못을 만들어 화단을 꾸몄다. 물은 자연을 느낄 수 있는 원초적인 요소로 보는 이에게 정서적인 안정을 가져다주는데 요양하는 아내를 위해 정원에 물을 도입하니 화단은 역동적이고 한층 더 풍성해졌다. 이런 연못이 있는 통나무주택은 시내 중심가에서 겨우 5분 정도의 거리임에도 전원의 운치가 있고 시골 분위기가 물씬 난다. 지척이 산과 들이라 자연에 묻혀 지내는데 굳이 손길이 많이 가는 정원이 필요하겠냐는 생각이 들지만, 이 정원은 화초를 심고 풀을 뽑고 있노라면 저절로 마음이 편안해지고 스트레스가 없어지는 건축주 내외의 힐링 공간이 되는 곳이다. 평범한 일반인들도 과도한 스트레스 해소와 정서 순환을 위해 치유목적의 정원으로 활용할 수 있다. 정원은 가장 자연스러운 인간 중심적인 치유제이다. 정원이 있는 일상생활을 통해 전원에서의 삶이 가족의 화목과 건강을 위해 얼마나 중요한 역할을 하는지 깨닫게 해준 소중한 힐링 정원이다.

주요 나무와 야생화 MAJOR TREE & WILD FLOWER

개나리 봄, 4월, 노란색
노란색의 개나리가 피기 시작하면 봄이 옴을 느끼게 된다. 정원용, 울타리용으로 많이 심는다.

골담초 봄, 5월, 노란색·주황색
길이가 2.5~3m로서 처음에는 황색으로 피어 후에 적황색으로 변하고, 아래로 늘어져 핀다.

공조팝나무 봄, 4~5월, 흰색
크기는 높이 1~2m 정도로 꽃은 잎과 같이 피고 지름 7~10mm로서 가지에 산형상으로 나열된다.

꽃잔디 봄~여름, 4~9월, 진분홍·보라·흰색
멀리서 보면 잔디 같지만, 아름다운 꽃이 피기 때문에 '꽃잔디'라고도 하며, '지면패랭이꽃'이라고도 한다.

단풍나무 봄, 5월, 붉은색
10m 높이로 껍질은 옅은 회갈색이고 잎은 마주나고 손바닥 모양으로 5~7개로 깊게 갈라진다.

물싸리 여름, 6~8월, 노란색
개화 기간이 길다. 정원의 생울타리, 경계식재용으로 또는 암석정원에 관상수로 심어 가꾼다.

물옥잠 여름~가을, 9월, 자주색
꽃은 총상꽃차례를 이루며, 잎몸은 심장 모양이고 줄기는 스펀지같이 구멍이 많아 연약하다.

바위솔 가을, 9월, 흰색
모양이 소나무의 열매인 솔방울과 비슷하고 바위에서 잘 자라기 때문에 '바위솔'이라고 부른다.

백리향 여름, 6~7월, 분홍색
원줄기는 땅 위로 퍼져 나가고 어린 가지가 비스듬히 서며 향기가 있어 관상용으로 심는다.

양달개비 봄~여름, 5~7월, 자주색
높이 50cm 정도며 줄기는 무더기로 자란다. 닭의장풀과 비슷하나 꽃 색이 진한 자주색이다.

에메랄드골드 봄, 4~5월, 노란색
서양측백의 일종으로 황금색의 잎과 가지가 조밀하고 원추형의 수형이 아름다운 수종이다.

작약 봄~여름, 5~6월, 분홍색 등
줄기는 여러 개가 한 포기에서 나와 곧게 서고 꽃은 지름 10cm로 아름다워 원예용으로 심는다.

참나리 여름~가을, 7~8월, 붉은색
꽃은 붉은색 바탕에 검은빛이 도는 자주색 점이 많으며 4~20개가 밑을 향하여 달린다.

캄파눌라 봄~여름, 5~6월, 자주색 등
종 모양의 꽃이 조롱조롱 달려 덩굴성으로 자라는 모습이 마치 아름다운 꽃잔디를 연상시킨다.

패랭이꽃 여름~가을, 6~8월, 붉은색
높이 30cm 내외로 꽃의 모양이 옛날 사람들이 쓰던 패랭이 모자와 비슷하여 지어진 이름이다.

화이트핑크셀릭스 봄, 5~7월, 분홍색
우리말로 표현하면 흰색·분홍색 버드나무란 뜻으로 꽃이 아니며 잎이 계절별로 변하는 수종이다.

조경도면 | Landscape Drawing

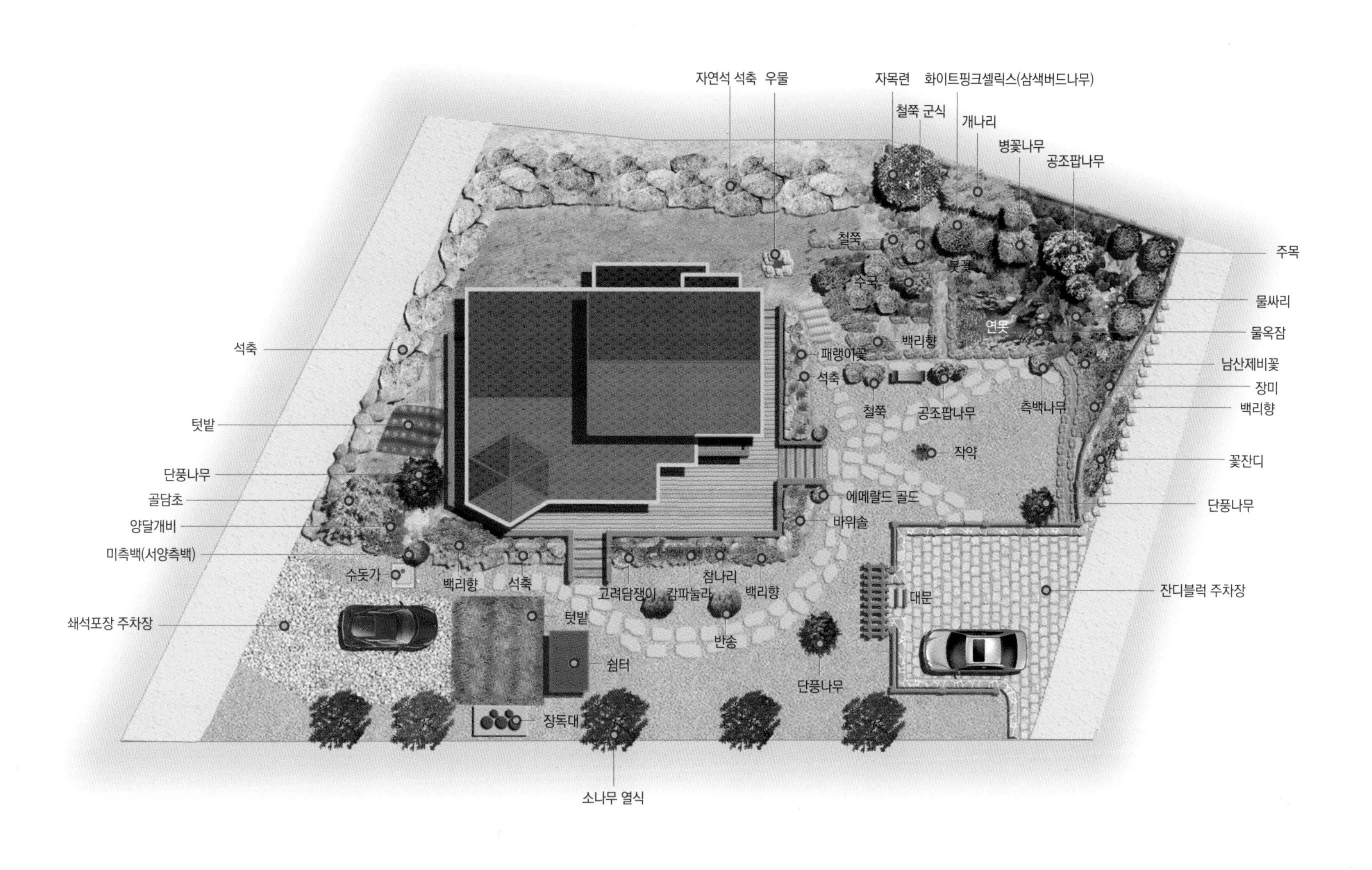

01

02

03

01_ 나지막한 산세와 통나무집 그리고 낮은 나무 담장이 소통하듯이 편안하게 조화를 이루고 있다.
02_ 사각 통나무다 보니 너무 딱딱해 보이기 때문에 전면부를 팔각형으로 구성하고 앞쪽에는 채소밭을 마련하였다.
03_ 자연 그대로의 아름다움과 쾌적성이 있는 사각 통나무주택에 살면서 약간의 육체적인 노동을 곁들여서 정신적인 힐링을 위한 정원을 만들었다.
04_ 경사지를 다듬어 양지바른 곳에 연못을 만들고 화단을 꾸몄다.
05_ 2층에서 내려다본 모습으로 잔디밭에 디딤돌을 놓아 동선을 유도한다.
06_ 경사지의 단을 곡선으로 처리하고 잔디밭의 디딤돌도 바람개비처럼 도는 부드러운 느낌으로 디자인했다.
07_ 경사지의 단 밑으로 연못을 조성하고 경사를 이용하여 작은 폭포를 구성하니 한층 정원의 짜임새가 갖추어졌다.

01_ 연못의 두 면을 정형화하고 두 면은 자연스럽게 연출하여 자연과 인위의 조합을 끌어냈다.
02_ 연못 주변에 여러 소관목과 초화류를 밀식하여 풍성해 보인다.
03_ 투박하지만, 사람도 쉬고 분도 햇빛 바라기를 할 수 있는 의자가 놓여 있다.
04_ 물싸리, 공조팝나무를 배경 삼아 앞에는 바위와 어우러지게 백리향을 군식하였다.
향기가 백 리나 가는 꽃의 향기를 맡으면 그 자체로도 건강에 유익하다.

05_ 실내에서의 조망감을 잃지 않도록 주택 아래 단의 잔디밭에는 주로 키가 낮은 관목을 식재하고 시야를 피해 교목을 군데군데 요점식재하였다.
06_ 화단 모퉁이에 홍단풍을 요점식재 하였다.
07_ 남향의 양지바른 곳에 고려담쟁이, 참나리, 백리향, 캄파눌라 등이 어울려 피어있다.
08_ 건조한 환경에 잘 적응하는 바위솔이 분에 담겨 모습을 드러내고 있다.

HD

낮은 담을 통해 눈에 들어온 정원은 한 폭의 수채화 같은 풍경이다.

11 | 478 ㎡ / 145 py

용인 사암리주택

수채화 같은 화사한 정원

위 치 경기도 용인시 원삼면 사암리
대 지 면 적 596㎡(180py)
조 경 면 적 478㎡(145py)
조경설계·시공 건축주 직영

이 주택은 건축주 내외가 직접 디자인하고 지은 패시브하우스로 마을에서도 아름다운 정원으로 꼽히는 집이다. 집을 지은 지 2~3년에 불과한데 정원은 여러 해를 앞서간 듯 싱그러운 나무와 꽃들로 가득 채워져 그 아름다운 자태를 뽐내고 있다. 조경 디자인에서 완성까지 모두 직접 챙길 정도로 안주인의 조경에 대한 미적 감각과 식물 사랑은 특별하다. 보기 드물게 다양하고 화사한 숙근초가 매력적으로 다가와 마치 수채화 같은 느낌을 주는 정원이다. 계절마다 카멜레온처럼 아름다운 색으로 변신하며 많은 사람에게 보는 즐거움을 선물한다. 안주인의 오랜 경험과 노력으로 스스로 알게 된 식물에 대한 풍부한 식견을 바탕으로 짧은 기간이지만, 열정으로 가꿔 온 덕에 계절마다 화사한 꽃으로 갈아입는 정원에 벌써 마을 사람들의 이목이 쏠리고 있다. 덕분에 안주인은 이미 이웃 사람들의 조경 컨설턴트가 되어 아름다운 정원, 아름다운 마을 가꾸기의 전도사 역할을 톡톡히 해내며 즐거운 투정을 부린다. 열심히 가꾸고 꽃이 핀 아름다운 정원을 바라보며 환하게 웃음 짓는 주인 내외에게 정원은 분명 삶의 정신적 에너지를 보충해주는 아름다운 충전소다.

주요 나무와 야생화 MAJOR TREE & WILD FLOWER

노루오줌 여름~가을, 7~8월, 붉은색 등
높이 30~70cm로 뿌리줄기는 굵고 옆으로 짧게 뻗으며 줄기는 곧게 서고 갈색의 긴 털이 난다.

델피늄 여름~가을, 7~9월, 청보라색·흰색
자연 상태에서는 꽃을 피운 후에 꽃대를 스스로 쓰러뜨려 열매를 땅에 떨구어 번식한다.

디기탈리스 여름, 7~8월, 자주색
높이가 1m에 달하고 꽃은 종처럼 생긴 통꽃으로 꽃차례 아래쪽에서 위쪽으로 피어 올라간다.

물망초 봄~여름, 5~8월, 하늘색
다년초로 높이 20~50cm 정도 자란다. 물망초란 영어의 Forget me not(나를 잊지 마세요)을 번역한 것이다.

마가목 봄~여름, 5~7월, 흰색
꽃은 가지 끝에 겹산방꽃차례로 달리며 열매는 지름 5~6mm로 둥글고 10월에 붉게 익는다.

미스김라일락 봄, 4~5월, 진보라색
우리 수수꽃다리를 미국 식물 채집가가 북한산 백운대에서 종자를 가져가 개량하여 다시 수입하였다.

버베나 봄~가을, 5~10월, 적색·분홍색 등
주로 아메리카 원산으로 열대 또는 온대성 식물이다. 품종은 약 200여 종이 있다.

분홍달맞이꽃 여름, 6~7월, 분홍색
달맞이꽃과는 반대로 낮에는 꽃을 피우고 저녁에는 시드는 꽃이다. 낮달맞이꽃이라고도 한다.

비덴스 봄~가을, 5~9월, 노란색
국화과 여러해살이풀로 멕시코가 원산지이며 '황금의 여신'이라는 꽃말이 멋지다.

숙근샐비어 여름~가을, 6~10월, 보라색
초여름부터 가을까지 꽃을 피우는 숙근식물로 내한성도 강하고 월동이 가능한 식물이다.

숙근코스모스 여름~가을, 6~11월, 노란색
북아메리카 남동부가 원산으로 문빔(moon beam)이라고 달빛과 같이 은은한 색감을 뜻한다.

양귀비 봄~여름, 5~6월, 백색·적색 등
동유럽이 원산지로 줄기의 높이는 50~150㎝이고 약용, 관상용으로 재배하고 있다.

우단동자꽃 여름, 6~7월, 붉은색·흰색 등
높이 30~70cm의 다년초로 전체에 흰 솜털이 빽빽이 나며 줄기는 곧게 서고 가지가 갈라진다.

자엽펜스테몬 봄~여름, 4~6월, 흰색
미국이 원산지로 꽃은 통 모양으로 좌우대칭이며 검붉은 색의 잎과 줄기가 이국적인 매력을 풍긴다.

찔레꽃 봄, 5월, 백색·연홍색
꽃의 질박함이 흰옷을 즐겨 입던 우리 민족의 정서에도 맞는 향긋한 꽃내음을 내는 토종 꽃이다.

플록스 여름, 6~8월, 진분홍색 등
그리스어의 '불꽃'에서 유래되었다. 꽃이 줄기 끝에 다닥다닥 모여 있는 모습이 매우 정열적이다.

조경도면 | Landscape Drawing

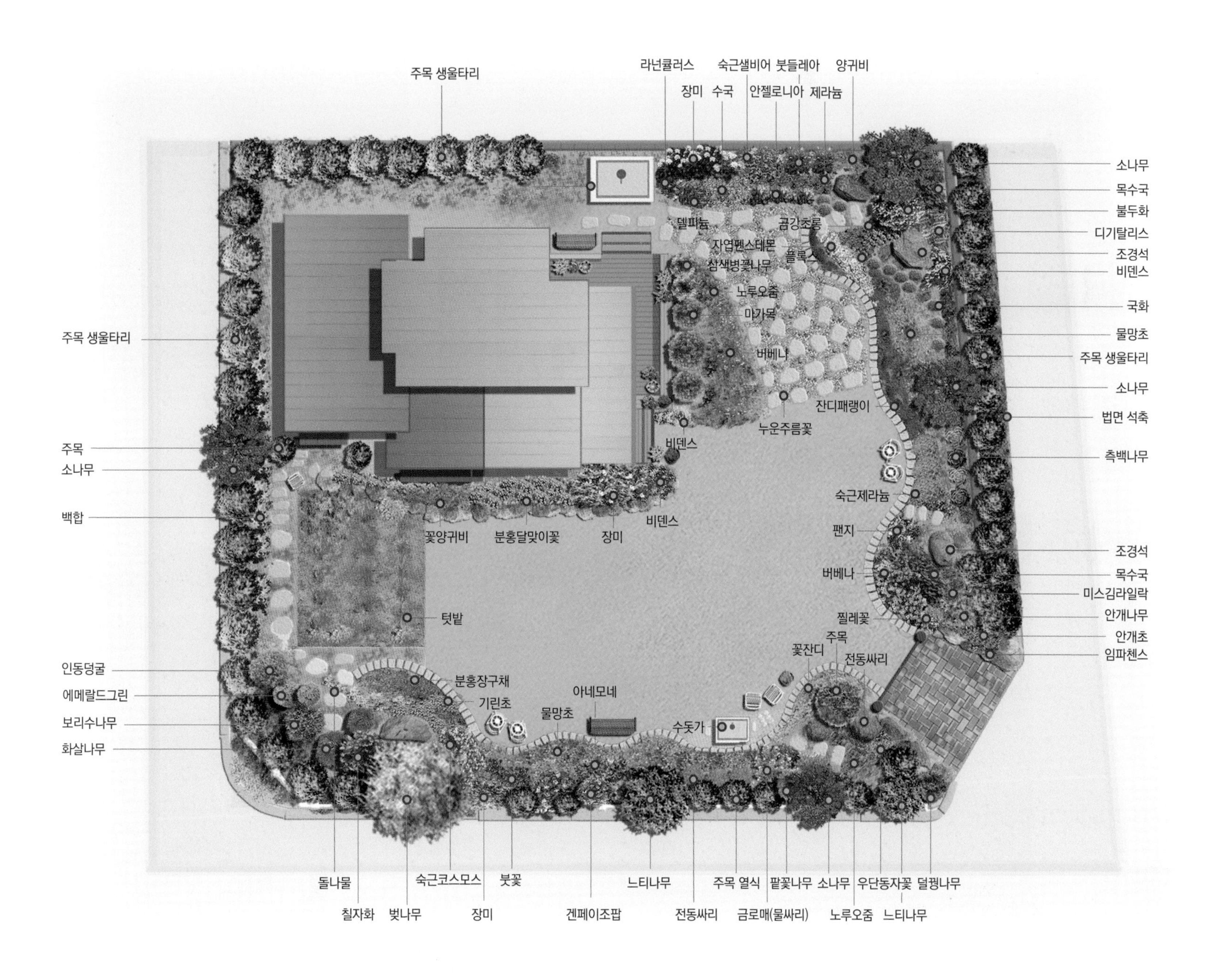

01

02

03

01_ 건축주의 개성과 취향을 반영하여 외쪽지붕과 박공지붕으로 조화를 이룬 모던 스타일의 패시브하우스다.
02_ 건물 전면의 데크 앞에도 작은 화단을 만드는 등 전체적인 구도와 짜임새를 고려한 정원 디자인이다.
03_ 건축주의 미적 감각과 안목으로 이루어낸 주정원의 모습이다.
04_ 대문 옆에도 낮은 석축을 쌓고 화단을 조성했다.
정원은 대문 입구에서부터 시작하여 안쪽으로 자연스럽게 이어지며 더욱더 풍성하고 율동감 있게 조성하였다.
05_ 기존의 큰 교목은 그대로 유지하고 화단 앞쪽으로 각종 화초류를 모아심기로 더욱 볼륨감 넘치는 이미지를 연출하였다.
06_ 키가 작은 일년초는 화단 앞쪽, 키 큰 교목과 관목은 뒤쪽에 차례로 배치하여 안정감 있게 식재하였다.
07_ 그늘이 좋은 느티나무 밑에 벤치를 놓아 휴식공간을 마련했다.

01

02

03

04

01_ 만개한 벚나무, 나지막한 펜스와 건물이 일체감 있게 조화를 이룬 주택 전경이다.
02_ 펜스 주변으로 사계절 푸르름을 감상할 수 있는 상록성 교목과 관목을 균형감 있게 식재하여 정원에 생동감을 넣어줌과 동시에 차폐효과도 냈다.
03_ 양지바르고 배수가 좋은 곳을 마운딩하여 채소밭을 조성하였다.
04_ 건물 전면에 있는 널찍한 데크는 정원을 완상하는 최적의 공간이다.
05_ 넓게 만든 낮은 난간대는 벤치와 화분 대용으로도 쓰이는 기능 좋은 조경 디테일이다.

05

01

02

03

04

05

06

07

01_ 조경블록을 이용해 곡선으로 만든 화단은 시각적인 부드러움과 편안함이 느껴지는 디자인이다.
02_ 식물은 장소에 따라, 일조 조건에 따라 그 환경에 잘 적응할 수 있는 종류를 선택하는 것이 바람직하다.
03_ 정원 한쪽에 다양한 식물을 밀도 있게 군식하여 꽉 찬 풍성함과 아름다움을 자랑한다.
04_ 큐브 조경석은 화단테두리선에 변화를 주고자 할 때 가변형으로 활용할 수 있는 이점이 있다.
05_ 화단 앞쪽에 포인트 식재한 화려한 색상의 버베나가 아름다움을 뽐낸다.
06_ 다양한 색상의 노루오줌이 활짝 펴 절정을 이루며 시선을 사로잡는다.
07_ 여러가지 색상의 팬지, 잔디패랭이꽃, 물망초 등이 화사하게 어우러져 화단 한쪽을 아름답게 채색한다.

소나무 수형을 잡기 위해 철사로 줄기를 구부려 가지의 방향을 바꾸는
가지유인 작업을 마무리한 모습이 눈에 띈다.

12 | 437 ㎡ / 132 py

제천 블루밍데이즈 튤립가든

맑은 바람과 밝은 달이 머무는 정원

위 치 충청북도 제천시 금성면 성내리
대지면적 581㎡(176py)
조경면적 437㎡(132py)
조경설계·시공 건축주 직영

경치 좋은 청풍호를 앞뜰로 뒷산을 뒤뜰로 삼고 자연을 제대로 즐길 수 있는 곳이다. 남한의 중심부이자 내륙의 바다 같은 청풍호의 전경이 펼쳐지는 순환도로변에 있는 전형적인 배산임수 터에 자리 잡은 펜션으로, 맑은 바람과 밝은 달이 머무는 곳이라는 의미를 붙인 블루밍데이즈의 튤립가든 펜션에 조성한 정원이다. 4월초 벚꽃이 피면 무릉도원, 밤 달빛이 청풍호에 비치면 중국 시인 두보의 월야를 연상케 한다. 채 마다 조성한 정원 곳곳에 이 지역에 맞는 나무와 꽃을 심어 소박한 멋을 연출했다. 건축주는 펜션 이름을 각각 조경 컨셉에 맞추어 튤립가든, 로즈힐, 라일락밸리, 와일드포피, 라벤더필즈, 릴리하이츠로 이름 붙일 정도로 식물에 대한 애정과 관심이 깊다. 한해살이와 여러해살이, 화려한 자태를 자랑하는 꽃과 작지만 수수한 아름다움을 가진 야생화, 수고와 수형, 개화 시기와 일조시간, 지반의 배수 상태 등등 식물이 잘 자랄 수 있는 최적의 자리 선정을 위해 많은 고민을 했다. 튤립가든이란 이름에 걸맞게 화단에는 다양한 화색의 튤립을 이미지 포인트로 심어 채를 부각했다. 채 마다 소박한 정원이 반겨주는 이곳 블루밍데이즈는 하나의 아름다운 추억으로 오랫동안 기억 속에 머물 수 있는 곳이다.

주요 나무와 야생화 MAJOR TREE & WILD FLOWER

감나무 봄, 5~6월, 노란색
경기도 이남에서 과수로 널리 심으며 수피는 회흑갈색이고 열매는 10월에 주황색으로 익는다.

꼬리풀 여름, 7~8월, 보라색
다년초로 높이 40~80cm이고 줄기는 조금 갈라지며 위를 향한 굽은 털이 있고 곧게 선다.

낙상홍 여름, 6월, 붉은색
열매는 5mm 정도로 둥글고 붉게 익는데, 잎이 떨어진 다음에도 빨간 열매가 다닥다닥 붙어 있다.

느티나무 봄, 4~5월, 노란색
가지가 고루 퍼져서 좋은 그늘을 만들고 벌레가 없어 마을 입구에 정자나무로 가장 많이 심어진다.

다알리아 여름~가을, 6~9월, 분홍색 등
멕시코 원산으로 줄기는 곧추서고 높이 100~200cm이며, 위쪽에서 가지가 갈라진다.

대추나무 여름, 6~7월, 황록색
높이 7~8m로 열매는 길이 2~3cm로 타원형의 핵과로 9~10월에 녹색이나 적갈색으로 익는다.

모란 봄, 5월, 붉은색·흰색 등
목단(牧丹)이라고도 한다. 꽃은 지름 15cm 이상으로 크기가 커서 화왕으로 불리기도 한다.

목련 봄, 3~4월, 흰색
이른 봄 굵직하게 피는 흰 꽃송이가 탐스럽고 향기가 강하고 내한성과 내공해성이 좋은 편이다.

살구나무 봄, 4월, 붉은색
살구나무는 꽃이 아름답고 열매는 맛이 있으며 씨는 좋은 약재가 되므로 예부터 많이 심었다.

수수꽃다리 봄, 4~5월, 자주색·흰색 등
한국 특산종으로 북부지방의 석회암 지대에서 자라며 향기가 짙은 꽃은 묵은 가지에서 자란다.

영산홍 봄, 4~5월, 홍자색·붉은색 등
반상록 관목으로 줄기는 높이 15~90cm이며 가지는 잘 갈라져 잔가지가 많고 갈색 털이 있다.

장미 봄, 5~9월, 붉은색 등
장미는 지금까지 2만 5,000종이 개발되었고 품종에 따라 형태, 모양, 색이 매우 다양하다.

천인국 여름~가을, 7~10월, 황색 등
아메리카 원산으로 높이 30~50cm이며 상부는 황색이나며 기부는 장미색 또는 갈홍색이 난다.

튤립 봄, 4~5월, 빨간·노란색 등
꽃은 1개씩 위를 향하여 빨간색·노란색 등 여러 빛깔로 피고 길이 7cm 정도이며 넓은 종 모양이다.

플록스 여름, 6~8월, 진분홍색
그리스어의 '불꽃'에서 유래되었다. 꽃이 줄기 끝에 다닥다닥 모여 있는 모습이 매우 정열적이다.

회양목 봄, 4~5월, 노란색
높이는 5m로 석회암지대가 발달한 강원도 회양(淮陽)에서 많이 자랐기 때문에 회양목이라고 한다.

조경도면 | Landscape Drawing

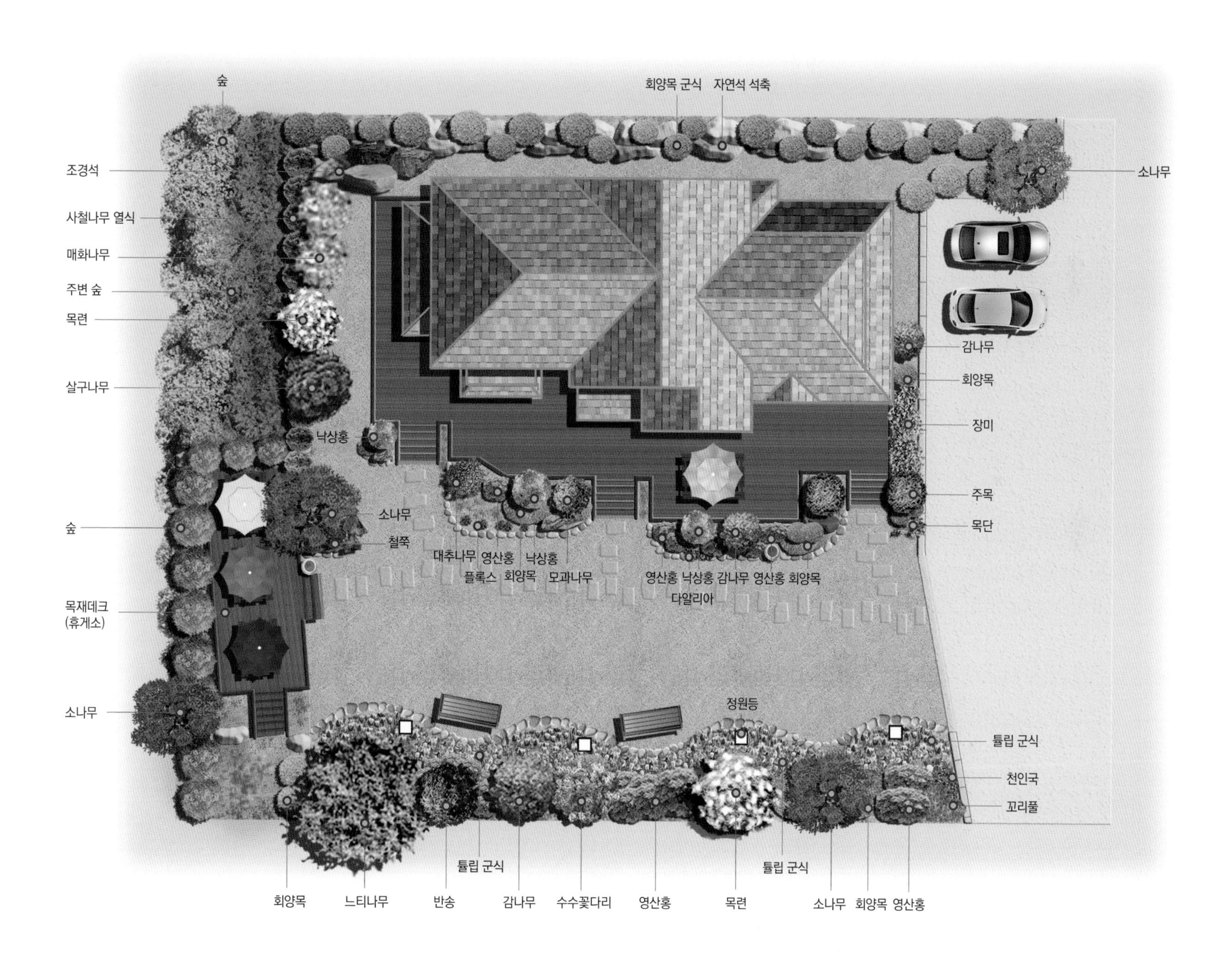

01_ 건물 외부를 시멘트사이딩과 밝은 회색 톤의 스타코플렉스로 마감하고, 노란색으로 포인트를 준 산뜻한 분위기의 정원을 둔 펜션이다.
02_ 정원의 오른쪽 끝에 녹음수로 느티나무를 심었다. 느티나무는 벌레가 없어 그늘을 만드는 녹음수로 가장 많이 쓰는 수종이다.
03_ 계획된 펜션단지로 채 마다 넉넉하게 조성한 정원의 운치 있는 풍경이다.

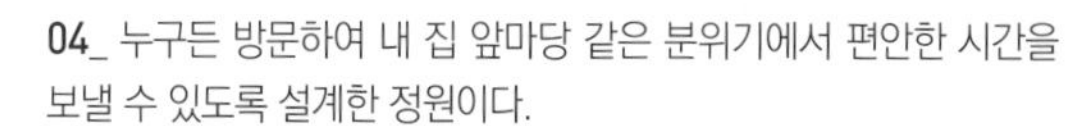

04_ 누구든 방문하여 내 집 앞마당 같은 분위기에서 편안한 시간을 보낼 수 있도록 설계한 정원이다.
05_ 비가 갠 후 촉촉이 젖어 있는 정원의 모습. 주변을 에워싼 자연 속에 묻혀 자연을 제대로 느끼고 즐길 수 있는 곳이다.
06_ 외곽선을 따라 수형이 좋은 교목과 낮은 관목을 배경으로 다양한 화색의 튤립을 식재하였다.
07_ 데크 앞쪽으로는 철쭉과 회양목 등 낮은 관목 위주로 식재하여 시야를 확보하였다.

01

01_ 담이 없는 시원한 개방으로 힐사이드의 조망감을 최대한 살렸다.
02_ 주목으로 차폐 효과를 내고, 현관 포치 밑에 덩굴장미를 적절하게 포인트 식재하여 현관 입구를 화사하게 꾸몄다.
03_ 햇빛이 6시간 이상 잘 드는 곳에 조성한 단출한 화단이다.
04_ 좌·우측으로 화단을 조성하고 자연석 판석을 깔아 놓은 현관 입구다.
05_ 도로를 사이에 두고 채 마다 조성한 소박한 정원들이 하나의 풍경을 이룬다.
06_ 성장을 고려하여 교목과 교목 사이의 공간은 충분히 확보하고 식재하였다.
07_ 멋진 경치를 즐기기 위한 편안한 쉼터로 데크는 이제 조경 시설의 중요한 일부가 되었다.
08_ 정원 한쪽에 설치한 데크에서 내려다본 청풍호의 아름다운 풍광이다.

02

03

04

05

06

07

08

열린 정원이 아름다운 이국적인 지중해풍 이미지의 주택이다.

13

422 ㎡
128 py

용인 은화삼샤인빌
담도, 대문도 없는 열린 정원

위치	경기도 용인시 처인구 남동
대지면적	553㎡(167py)
조경면적	422㎡(128py)
조경설계·시공	건축주 직영

이 집에는 담과 대문이 없다. 정원 한가운데서 바로 집 앞길로 내려갈 수 있는 돌계단이 놓여있고, 누구나 쉽게 오르내릴 수 있는 구조로 오픈되어 있어 갤러리 같은 착각이 든다. 보통 정원을 만들 때 축대와 담을 쌓는 것과 비교하면 획기적인 아이디어다. 경사지에 각종 나무와 야생화, 화초류를 심어 담을 대신했다. 돌을 높이 쌓으면 정원이 넓어지는 이점은 있지만, 높은 담으로 인해 집 앞의 거리 풍경은 답답해지기 쉽다. 그래서 담을 쌓지 않고 길과 맞닿은 부분은 동네 사람들도 오가며 함께 즐길 수 있는 아름다운 정원이 되기를 원했다. 집주인이 이런 구상을 하고 이사한 후 최우선으로 한 일이 정원 가꾸기였다. 처음엔 아무것도 없는 정원의 큰 밑그림을 위해 조경사의 도움을 받았다. 아무래도 돌을 쌓고 큰 나무를 심는 일은 혼자 하기엔 무리라는 생각에서였다. 돌계단을 만들고 큰 나무를 심고 정원을 가로지르는 디딤돌 동선도 만들었다. 그렇게 먼저 큰 틀을 짜고 난 뒤 해마다 조금씩 꽃을 심고 죽은 것은 고르면서 꾸준히 가꾸어 온 지 10여 년, 주인의 정성이 구석구석 미치지 않은 곳이 없다. 이제는 그 어느 조경사보다도 주인의 손길이 더 필요한 아름다운 열린 정원이다.

주요 나무와 야생화 MAJOR TREE & WILD FLOWER

남천 여름, 6~7월, 흰색
과실은 구형이며 10월에 붉게 익는다. 단풍과 열매도 일품이어서 관상용으로 많이 심는다.

눈주목 봄, 4월, 갈색·녹색
나비가 높이의 2배 정도로 퍼지고 둥근 컵처럼 생긴 붉은빛 가종피(假種皮) 안에 종자가 들어 있다.

마삭줄 봄, 5~6월, 흰색
사철 푸른 잎과 진홍색의 선명한 단풍과 함께 꽃과 열매를 감상할 수 있어 관상용으로 키운다.

분홍말발도리 봄~여름, 5~6월, 흰색
일본 원산으로 꽃은 분홍색 꽃망울에 백색으로 피고 가지 끝에 총상꽃차례로 달린다.

산딸나무 봄, 5~6월, 흰색
흰 꽃은 십(十)자 모양으로 성스러운 나무로 사랑받고 있다. 열매는 딸기처럼 붉은빛으로 익는다.

삼색병꽃나무 봄, 5월, 백색·분홍·붉은색
우리나라의 특산식물로 병 모양의 꽃이 백색·분홍·붉은색의 3색으로 피어 관상용으로 심는다.

삼색조팝나무 여름, 6월, 분홍색
일본 원산으로 줄기는 모여 나고 높이 1m에 달하며 꽃은 새 가지 끝에 우산 모양으로 달린다.

섬초롱꽃 여름~가을, 6~9월, 자주색
한번 심으면 땅속줄기가 반영구적으로 증식하므로 도로변이나 공원 등 공공시설에 심어 조경한다.

소사나무 봄, 5월, 연한 녹황색
잎은 어긋나고, 달걀모양이며 길이 2~5cm로 작고 가장자리에 겹톱니가 있고 측맥은 10~12쌍이다.

수수꽃다리 봄, 4~5월, 자주색·흰색 등
한국 특산종으로 북부지방의 석회암 지대에서 자라며 향기가 짙은 꽃은 묵은 가지에서 자란다.

에메랄드그린 봄, 4~5월, 연녹색
침엽상록 교목으로 서양측백나무의 일종. 에메랄드골드와는 달리 잎은 늘 푸른 녹색을 띤다.

으름덩굴 봄, 4~5월, 흰색
덩굴성 식물이며 잎은 손꼴겹잎으로 으름은 열매의 속살이 얼음처럼 보이는 데서 유래 되었다.

정향풀 봄, 5월, 하늘색
정향풀이라는 이름은 꽃 모양이 정자와 비슷하여 붙여진 이름인 정자초에서 유래되었다.

코스모스 여름~가을, 6~10월, 연한 홍색·백색 등
멕시코 원산의 1년초로서 관상용으로 널리 심고 있으며 가지가 많이 갈라진다.

샤스타데이지 여름, 5~7월, 흰색
국화과의 다년생 초본식물로 품종에 따라 봄에서 가을까지 선명한 노란색과 흰색의 조화가 매력적인 꽃이 핀다.

황금달맞이꽃 봄~여름, 5~7월, 노란색
남미 칠레가 원산이며 달맞이꽃보다 꽃이 훨씬 크고 밤에만 피는 달맞이꽃과 달리 낮에도 피어 관상 가치가 높다.

조경도면 | Landscape Drawing

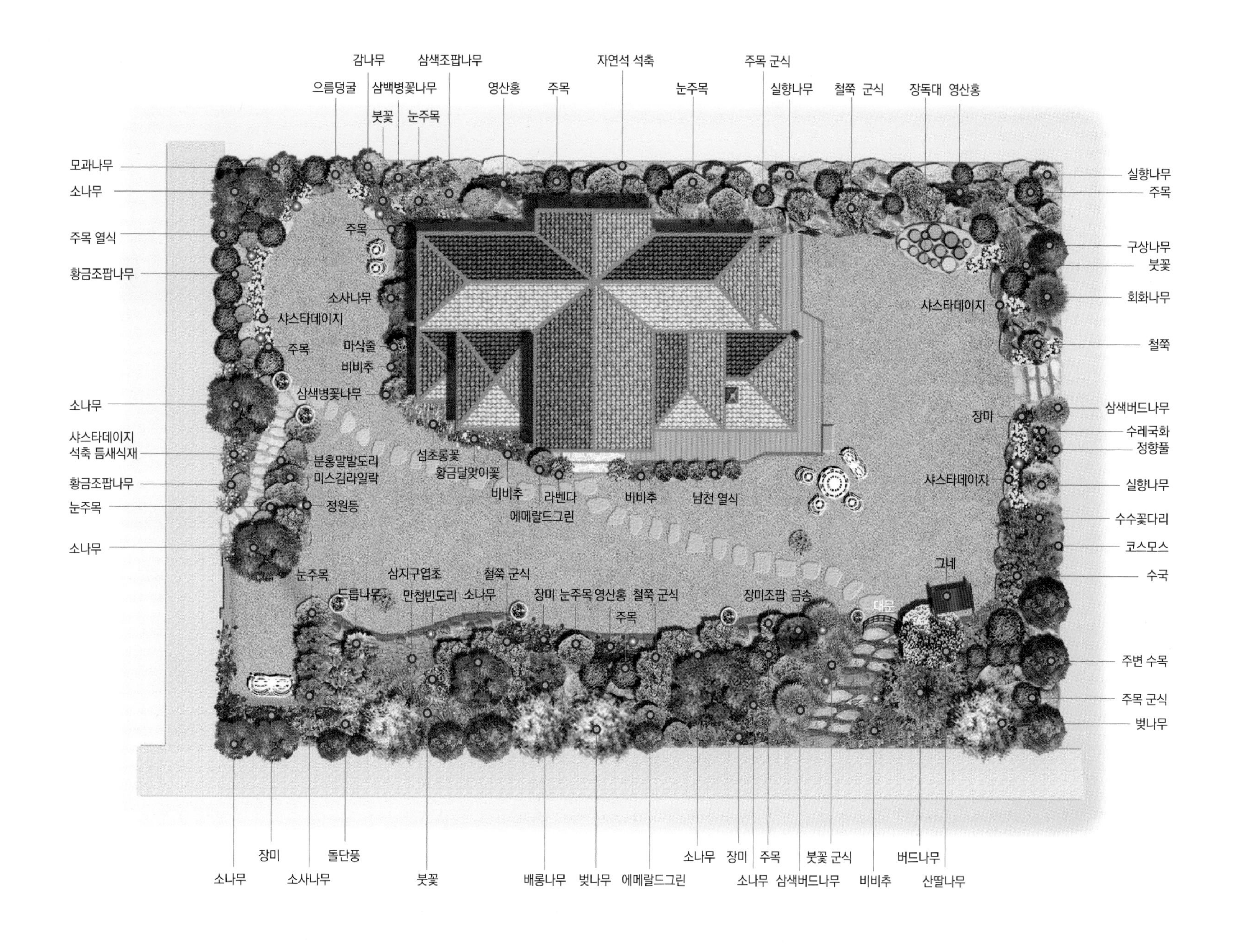

01_ 마당이 좁은 집에 살았던 건축주는 답답함을 느껴 넓은 정원이 있는 집을 꿈꾸다 이곳에 정착하게 되었다.
02_ 하늘과 산, 정원이 어우러져 마치 한 폭의 서양화를 연상케 하는 측정의 풍경이다.
03_ 폴딩도어를 열어젖히면 안과 밖이 하나가 되는 열린 공간이다.
04_ 안주인이 가장 애용하는 이곳은 자연을 벗하며 음악을 듣고 책을 읽고 수를 놓는 다목적 공간이다.

03

01

04

02

06

05_ 우뚝 선 느티나무와 산딸나무 등이 햇빛을 막아 그네에 시원한 그늘을 제공한다.
06_ 숲이 있는 건물 우측에 높은 교목을, 전면에는 넓은 시야 확보를 위해 낮은 관목과 초화류 위주로 심었다.
07_ 주인의 정성으로 까꾼 정원이 주변 숲의 경계와 자연스럽게 맞닿아 더욱 넓게 확대된 이미지로 풍성함을 자랑한다.
08_ 경사지를 이용하여 동네 사람들도 같이 즐길 수 있는 정원을 만들고자 나무 외에도 각종 야생화와 화초류를 심었다.

07

05

08

01_ 정원을 가로지르는 디딤돌로 길을 만들었다.
02_ 용인 은화삼컨트리클럽 옆에 계획된 전원주택단지로 주변의 집들과 정원이 조화를 이룬다.
새가 지저귀는 소리와 함께 맞이하는 아침, 전원에 사는 맛을 한껏 느낄 수 있는 곳이다.
03_ 입구 안방 발코니를 지나 현관 쪽으로 들어서면 그린 잔디가 시원스럽게 펼쳐진다.
04_ 병 모양의 꽃이 백색, 분홍, 붉은색 3색으로 피는 삼색병꽃나무의 활짝 핀 모습이다.

05_ 야생화는 강한 생명력으로 한 번 심어 놓으면 다음에 또 스스로 싹을 틔우기 때문에 야생화 위주의 화단을 조성했다.
06_ 관목, 교목, 각종 화초류의 배치가 자연스러워 안주인의 조경에 대한 애착과 안목이 느껴진다.

01_ 담도 대문도 없는 정원으로 들어서는 돌계단 주위에는 한라구절초가 한창이다.
02_ 차고 위에 나무펜스를 치고 쉬면서 즐길 수 있는 녹지공간을 확보하였다.

집으로 오르는 자연석 계단에 턱 하니 자리 잡고 피어난 순백의 샤스타데이지. 꽃사랑이 남다른 주인은 꽃이 다칠세라 조심스럽게 계단을 피해 다닌다.

돌담과 삼나무가 어우러져 제주도 특유의 풍경을 그려내는 전원주택이다.

14

413 ㎡ / 125 py

제주 신평리주택

자연의 미학이 흐르는 정원

위 치	제주도 서귀포시 대정읍 신평리
대 지 면 적	590㎡(178py)
조 경 면 적	413㎡(125py)
조경설계·시공	건축주 직영

전원주택의 중요한 요소 중 하나를 들라면 자연과의 교감일 것이다. 자연은 변화무쌍하여 시시각각, 사시사철 늘 다른 모습으로 우리에게 다가온다. 이런 자연의 변화에 순응하면서 좀 더 자연과의 소통이 잘 이루어지도록 설계한 자연의 집, 고급형 통나무주택에 조성한 정원이다. 집을 짓는 과정은 물론, 조원할 때도 인공적인 요소는 최대한 배제하고 자연에 순응하며 잘 적응할 수 있는 요소에 설계 포인트를 두었다. 제주도라는 자연적인 특성을 고려하여 정원에는 거센 해풍을 막아줄 방풍림으로 삼나무를 열식하고, 계피나무, 먹구슬나무, 참빗살나무 등 기존의 나무들을 자연스럽게 잘 보존하고 있다. 제주 현무암으로 가지런히 돌담을 쌓고, 화단은 인위적인 꾸밈보다는 자연 상태에서 작은 질서를 찾으려 했다. 거실과 이어지는 테라스, 테라스와 이어지는 정원, 정원의 낮은 담장 넘어 펼쳐진 제주의 푸른 하늘과 들은 모두 드넓은 자연의 정원이다. 안에서 밖으로 밖에서 안으로 자연과의 소통과 흐름이 잘 이루어지는 정원은 구성원 간의 정서적 안정감과 일상의 편안함을 안겨주며 전원생활의 이유를 대변한다.

주요 나무와 야생화 MAJOR TREE & WILD FLOWER

감나무 봄, 5~6월, 노란색

경기도 이남에서 과수로 널리 심으며 수피는 회흑갈색이고 열매는 10월에 주황색으로 익는다.

꽃잔디 봄~여름, 4~9월, 진분홍·보라·흰색

멀리서 보면 잔디 같지만, 아름다운 꽃이 피기 때문에 '꽃잔디'라고도 하며, '지면패랭이꽃'이라고도 한다.

남천 여름, 6~7월, 흰색

과실은 구형이며 10월에 붉게 익는다. 단풍과 열매도 일품이어서 관상용으로 많이 심는다.

돈나무 봄, 5~6월, 흰색

줄기 밑동에서 여러 갈래로 갈라져 모여 나고 높이는 2~3m로 관상적 가치가 있어 많이 심는다.

맥문동 여름, 6~8월, 자주색

꽃이 아름다운 지피류로 그늘진 음지에서 잘 자라 최근에 하부식재로 많이 사용하고 있다.

먹구슬나무 봄, 5월, 연자주색

나무에서 뽑아낸 기름에서는 130여 종(種)의 곤충에 혐오감을 주는 냄새가 나 방충제로 개발 중이다.

비비추 여름, 7~8월, 보라색

꽃은 한쪽으로 치우쳐서 총상으로 달리며 화관은 끝이 6개로 갈래 조각이 약간 뒤로 젖혀진다.

삼나무 봄, 3월, 황색

일본이 원산지인 상록침엽수로 원뿔 모양이며 제주도에서는 방풍림으로 많이 식재되었다.

소철 여름, 6~8월, 노란색

살아 있는 화석 식물의 일종으로 잎이 떨어져 나간 자리가 비늘 모양으로 남아 줄기를 이룬다.

송엽국 봄~여름, 4~6월, 자홍색 등

줄기는 밑 부분이 나무처럼 단단하고 옆으로 벋으면서 뿌리를 내리며 빠르게 번식한다.

수국 여름, 6~7월, 자주색 등

중성화(中性花)인 꽃의 가지 끝에 달린 산방꽃차례는 둥근 공 모양이며 지름은 10~15cm이다.

영산홍/왜철쭉 봄~여름, 5~7월, 홍자색

일본산 진달래의 일종으로 높이 1m에 잎은 가지 끝에서 뭉쳐나고 꽃은 3.5~5㎝로 넓은 깔때기 모양이다.

임파첸스/서양봉선화 여름~가을, 6~11월, 분홍·빨강 등

1년 초로 꽃의 크기는 4~5cm이고 줄기 끝에 분홍·빨강·흰색꽃 등이 6월부터 늦가을까지 핀다.

조팝나무 봄, 4~5월, 흰색

높이 1.5~2m로 꽃핀 모양이 튀긴 좁쌀을 붙인 것처럼 보이므로 조팝나무(조밥나무)라고 한다.

차나무 가을, 10~11월, 흰색·연분홍색

수술은 180~240개이고, 꽃밥은 노란색이다. 강우량이 많고 따뜻한 곳에서 잘 자란다.

참빗살나무 봄~여름, 5~6월, 녹색

둥근 수형과 가을 단풍, 나무를 덮는 붉은 열매가 특징으로 조경수나 관상용으로 식재한다.

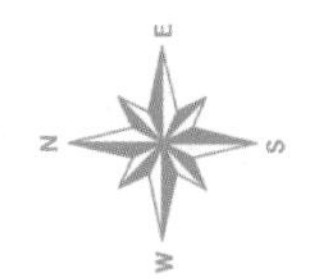

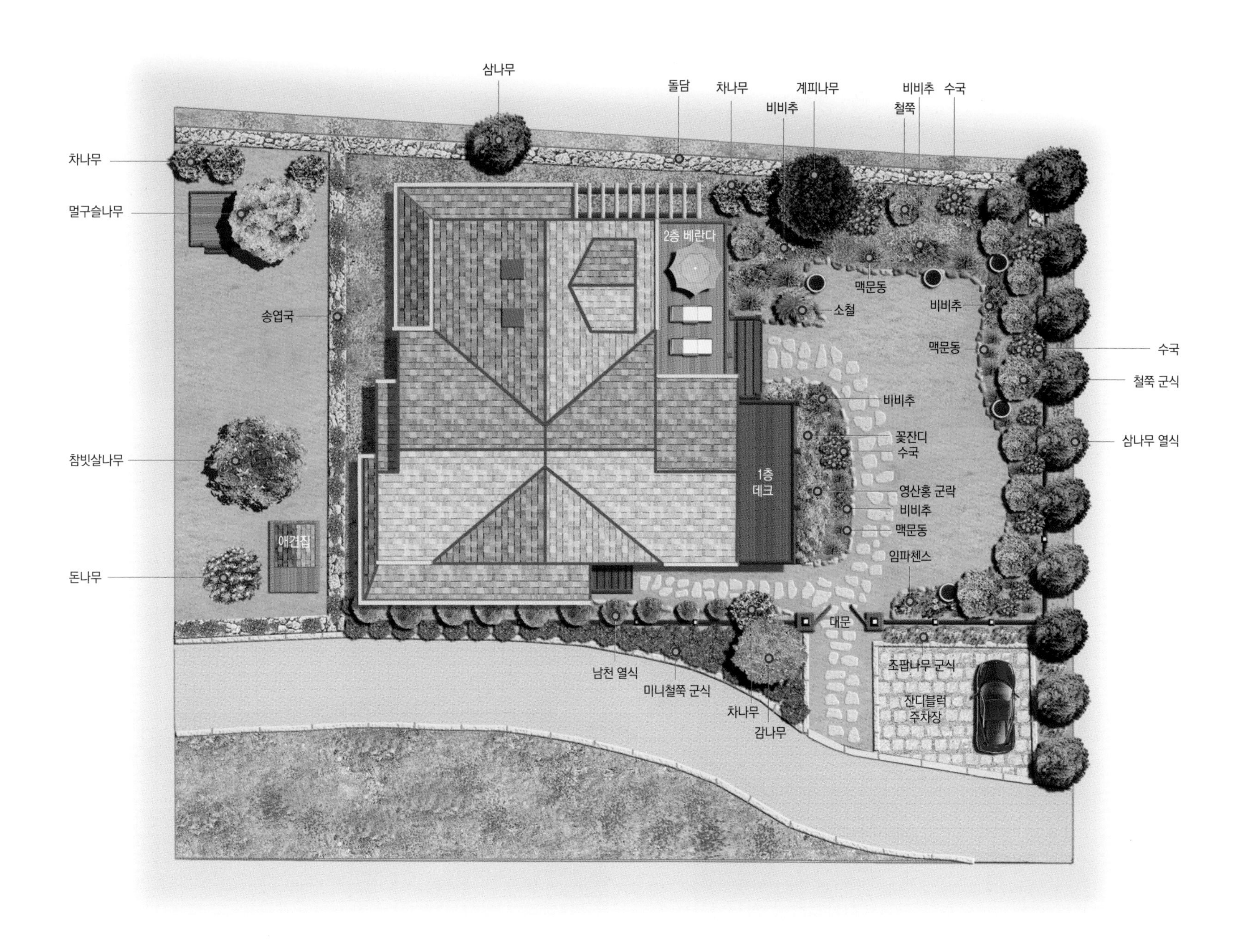

삼나무
돌담
차나무
계피나무
비비추
수국
비비추
철쭉
차나무
멀구슬나무
2층 베란다
맥문동
소철
비비추
송엽국
맥문동
수국
철쭉 군식
비비추
꽃잔디
수국
삼나무 열식
참빗살나무
1층
데크
영산홍 군락
비비추
맥문동
애견집
임파첸스
돈나무
대문
조팝나무 군식
남천 열식
미니철쭉 군식
잔디블럭
주차장
차나무
감나무

01_ 자연의 흐름을 끌어 들인 만족도 높은 전원주택으로 내부는 통나무집, 외부는 세련된 디자인의 목조주택이다.
02_ 공간이 시원스럽게 탁 트여 전원의 멋을 한껏 누릴 수 있는 주택이다.
03_ 적당한 높이로 쌓은 제주 현무암 돌담과 지붕색이 서로 자연스럽게 조화를 이룬다.
04_ 제주도라는 지리적 특성을 고려하여 방풍림으로 삼나무를 열식하였다.

05_ 주변의 나무를 그대로 살리고 평지에 지은 2층 구조의 통나무집으로 한가롭고 평화로운 풍경이다.
06_ 입구의 모서리 땅을 나누고 다듬어서 환경친화적인 잔디블럭 주차장을 만들었다.
07_ 펜스 쪽의 외곽선을 따라 식물을 배치하고 직립성이 강한 삼나무를 배경으로 삼았다.
08_ 대문의 어프로치는 현무암 판석을 깔고 잔디로 마감하였다.

01_ 낮은 관목 높이의 목재 펜스와 대문이 그린 정원과 조화를 이룬다.
02_ 마당 일부에 잔디를 깔고 집 주위로는 화단을 조성했다.
03_ 2층 테라스 밑으로 비와 직사광선을 차단해주는 제2의 거실인 데크를 설치했다.

01

02

03

04_ 자연과의 편안한 교감이 흐르는 정원을 바라보며 취하는 휴식이 주는 만족감은 상당하다.
05_ 안에서 밖으로의 흐름을 고려한 데크 디자인이다.
06_ 잔디 위에 디딤돌을 가지런하게 놓아 부드러운 동선을 안내한다.
07_ 화단과 잔디 사이는 작은 현무암 조각으로 경계를 만들고, 화단 흙은 붉은 화산석으로 멀칭하여 잔디와 색상의 대비를 이룬다.

5월이 되면 온 동네가 철쭉으로 뒤덮여 멋진 꽃동산을 이룬다.

15 410 ㎡ / 124 py

양평 갑을전원주택단지 JH씨댁

소박한 꿈을 이룬 단아한 정원

위 치 경기도 양평군 강상면 세월리
대지면적 502㎡(152py)
조경면적 410㎡(124py)
조경설계·시공 건축주 직영

현대인의 대다수는 예술가의 경지는 아닐지라도 나만의 명품이 될 만한 아름다운 정원을 가꾸고 싶은 소박한 꿈을 갖고 있다. 도심에서 생활하던 이 주택의 건축주 역시 그런 꿈을 갖고 전원주택이라는 단어가 생경하던 1990년대 초에 개발한 전원주택단지 내의 작은 비정형 대지를 장만하였다. 데드스페이스를 최소화하고 수종을 최대한 단순화시켜 단아한 공간에 어울리면서도 정감 있는 자연풍의 정원을 그렸다. 작은 규모의 정원이라 특히 식물의 종류, 꽃의 색깔, 구조물, 장식품 등을 최대한 단순화하는 것이 좋겠다는 판단이었다. 식재계획도 생태계의 원칙에 맞추어 상층부는 교목, 중층부는 관목, 하층부는 초본으로 적절한 배식을 했다. 마을이 조성될 때 집마다 철쭉을 심어 5월이 되면 온 동네가 철쭉으로 뒤덮여 멋진 꽃동산을 이룰 것이란 기대가 그대로 전개되었다. 조경은 하나의 예술작품이다. 마당이란 큰 도화지에 어떤 나무와 식물을 조화롭게 심어 나만의 명품정원을 완성할 것인가는 오로지 개인의 취향과 멋에 따라 다르게 나타난다. 오랜 세월이 지난 지금 정원을 관망하면 집짓기 전 자신이 원했던 소박한 꿈이 현실이 된듯하여 매우 흐뭇하다는 정원이다.

주요 나무와 야생화 MAJOR TREE & WILD FLOWER

꽃잔디 봄~여름, 4~9월, 진분홍·보라·흰색
멀리서 보면 잔디 같지만, 아름다운 꽃이 피기 때문에 '꽃잔디'라고도 하며, '지면패랭이꽃'이라고도 한다.

눈주목 봄, 4월, 갈색·녹색
나비가 높이의 2배 정도로 퍼지고 둥근 컵처럼 생긴 붉은빛 가종피(假種皮) 안에 종자가 들어 있다.

담쟁이덩굴 여름, 6~7월, 녹색
덩굴손은 끝에 둥근 흡착근(吸着根)이 있어 돌담이나 바위 또는 나무줄기에 붙어서 자란다.

반송 봄, 5월, 노란색·자주색
높이 2~5m로 잎은 2개씩 뭉쳐나며 줄기 밑 부분에서 많은 줄기가 갈라져 우산 모양이다.

붉은인동 여름, 5~6월, 붉은색
줄기가 다른 물체를 감으면서 길이 5m까지 뻗는다. 늦게 난 잎은 상록인 상태로 겨울을 난다.

비비추 여름, 7~8월, 보라색
꽃은 한쪽으로 치우쳐서 총상으로 달리며 화관은 끝이 6개로 갈래 조각이 약간 뒤로 젖혀진다.

섬잣나무 봄, 5~6월, 노란색·연녹색
잎은 길이가 3.5~6cm인 침형(針形)으로 5개씩 모여 달려 오엽송(五葉松)이라고도 부른다.

영산홍 봄, 4~5월, 홍자색·붉은색 등
반상록 관목으로 줄기는 높이 15~90cm이며 가지는 잘 갈라져 잔가지가 많고 갈색 털이 있다.

주목 봄, 4월, 노란색·녹색
'붉은 나무'라는 뜻의 주목(朱木)은 나무의 속이 붉은색을 띠고 있어 붙여진 이름이다.

철쭉 봄, 4~5월, 연분홍색 등
높이 2~5m로 철쭉은 걸음을 머뭇거리게 한다는 뜻의 '척촉(躑躅)'이 변해서 된 이름이다.

청단풍 봄, 5월, 붉은색
잎은 5~7개가 마주나고 가을에 짙은 붉은색 단풍이 드는 것을 제외하고 잎은 항상 녹색을 띤다.

측백나무 봄, 4월, 녹색
비늘 모양의 잎이 뾰족하고 가지의 나무 모양이 아름다워서 생울타리, 관상용으로 심는다.

코스모스 여름~가을, 6~10월, 연한 홍색·백색 등
멕시코 원산의 1년초로서 관상용으로 널리 심고 있으며 가지가 많이 갈라진다.

할미꽃 봄, 4~5월, 자주색
흰 털로 덮인 열매의 덩어리가 할머니의 하얀 머리카락같이 보여서 '할미꽃'이라는 이름이 붙었다.

홍단풍 봄, 4~5월, 붉은색
높이 7~13m로 나무 전체가 1년 내내 항상 붉게 물든 형태로 아름다워 관상수나 조경수로 심는다.

회양목 봄, 4~5월, 노란색
높이는 5m로 석회암지대가 발달한 강원도 회양(淮陽)에서 많이 자랐기 때문에 회양목이라고 한다.

조경도면 | Landscape Drawing

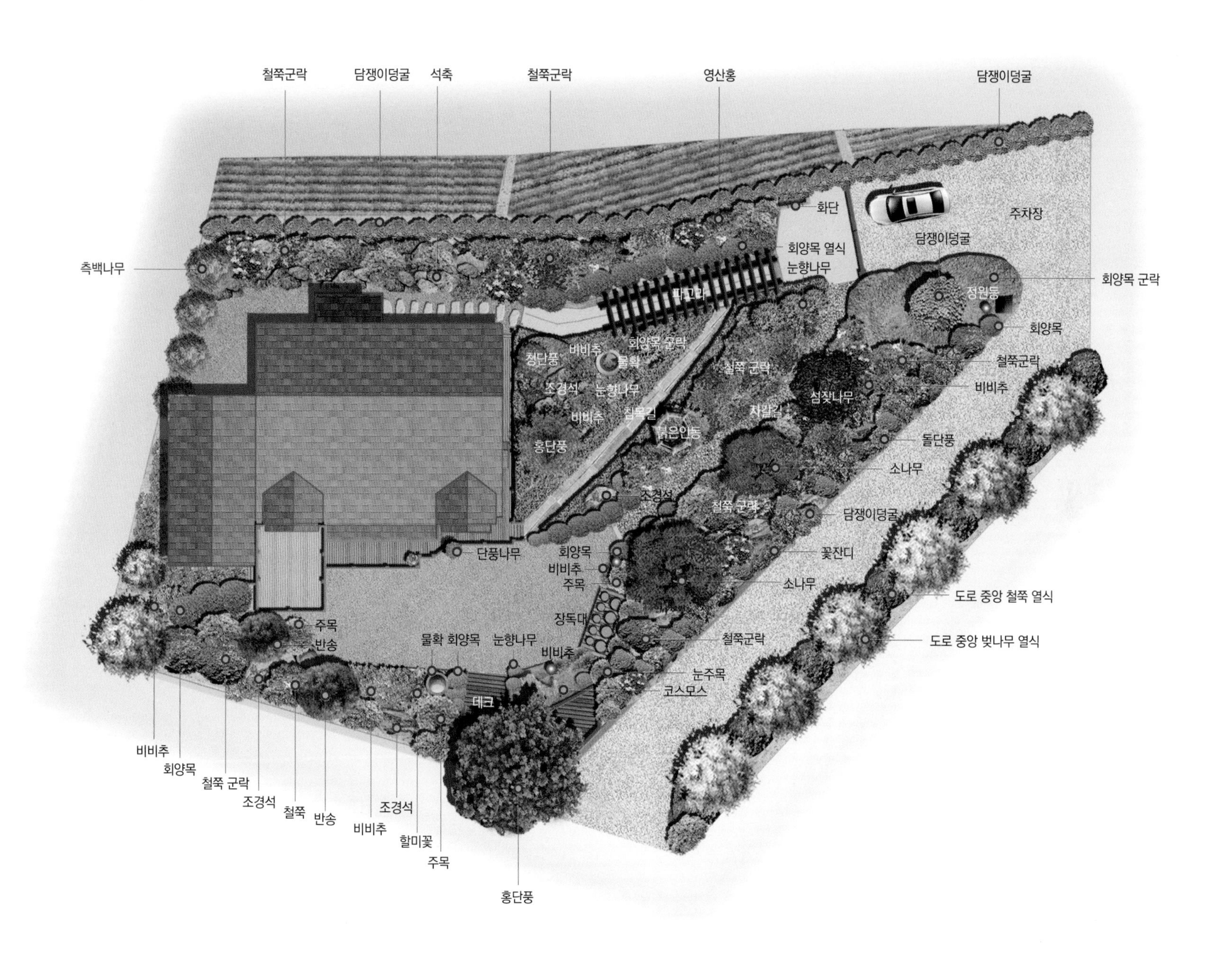

01_ 비정형의 대지를 고려하고 예각의 데드스페이스에 주차장과 데크를 배치하여 공간을 효율적으로 이용하고 있다.
02_ 적은 종류의 수목을 모아심기와 반복심기로 작은 정원이지만 조경 효과를 극대화했다.
03_ 우측은 담쟁이덩굴로 가리고 왼쪽은 담이 없는 낮은 대문으로 정원을 개방했다.

01

02

03

04_ 여러 종류의 수종보다 같은 나무를 군식하면 풍성하게 안정감이 있고, 관리도 편리할 뿐 아니라 보는 재미도 배가된다.
05_ 제한된 수종의 반복적인 식재를 통해 통일감을 주었다. 철쭉의 화려함과 야생화들이 어우러져 꽃동산을 이루었다.
06_ 입구 쪽에서 바라본 모습으로 덩굴식물을 심을 목적으로 파고라와 원뿔 형태의 구조물을 세웠다.
07_ 좌·우측으로 열식한 회양목 사이로 파고라에서 데크로 이어지는 침목 샛길을 냈다.

01_ 포치와 포치 위의 테라스는 휴식을 취하며 주변 경관을 즐기기에 더없이 좋은 장소다.
02_ 미로 같은 어프로치를 지나면 아늑하고 포근한 정원이 기다리고 있다.
03_ 포치의 휴식공간에서 본 프레임 속 정원은 절제되고 단아한 모습이다.
04_ 적재적소에 필요한 수목만 심어 간결함이 있다. 군데군데 조형 수목을 적절히 배치하면 조형미까지 감상할 수 있다.

05_ 대지가 구릉지에 있어 주변 풍광이 멀리까지 시원스레 내려다보이는 전면에 단풍나무를 중심으로 데크를 설치했다.
06_ 예로부터 볕이 잘 드는 마당 한쪽을 차지해온 장독대가 이제는 조경에서 하나의 훌륭한 첨경물이 되었다.
07_ 경사지를 이용해 만든 데크는 한옥의 누마루 역할을 하는 전망 좋은 곳이다.
08_ 주말주택으로 쓰는 곳이지만, 다듬어진 소나무의 수형을 들여다보면 건축주의 정원에 대한 애정을 읽을 수 있다.

01

02

04

03

05

06

07

08

법면에는 자연적인 연출효과를 높이기 위하여 구절초, 양귀비, 수레국화 등 화초류 위주의 모아심기로 꽃동산을 이루었다.

16 | 407 ㎡ | 123 py

제천 블루밍데이즈 와일드포피

풍광 좋은 힐사이드 정원

위치 충청북도 제천시 금성면 성내리
대지면적 550㎡(166py)
조경면적 407㎡(123py)
조경설계·시공 건축주 직영

청풍호반이 한눈에 내려다보이는 힐사이드에 자리 잡은 블루밍데이즈는 인생의 절정기를 화사한 꽃이 만발한 정원에 비유하여 그 의미와 이미지를 연상케 조성한 단지형 펜션이다. 옛날 우리 선조들이 추구했던 정원은 인위적인 꾸밈보다는 주변의 산세가 아름답고, 물, 바위, 나무 등 자연이 빼어난 곳에 들이는 정원이었다. 자기 집 마당에 연못과 가산을 조성하여 인위적으로 경치를 만들기보다는 풍광 좋은 곳을 찾아 그곳에 자연의 모습을 해치지 않으면서 경치를 조망하기 위한 최소한의 시설만을 취했다. 블루밍데이즈는 이런 자연식 정원의 개념과 딱 맞아떨어지는 곳의 좋은 조경 사례이다. 앞으로 청풍호반이 있어 물이 좋고, 단지 내에 있던 자연 경관석이 일품인 천혜의 터에 조경계획을 세운 뒤, 오랜 기간 키워온 소나무, 단풍나무, 주목 등을 요점식재 하고 펜션 별로 주제를 정하여 차별화된 조경을 꾸몄다. 도심을 벗어나 이곳을 찾는 사람들은 천혜의 아름다운 경치와 상쾌한 공기를 마시며 자연과 함께 호흡할 수 있다는 점이 더 없는 매력으로 느껴지는 행복한 쉼터다.

주요 나무와 야생화 MAJOR TREE & WILD FLOWER

감나무 봄, 5~6월, 노란색
경기도 이남에서 과수로 널리 심으며 수피는 회흑갈색이고 열매는 10월에 주황색으로 익는다.

낙상홍 여름, 6월, 붉은색
열매는 5mm 정도로 둥글고 붉게 익는데, 잎이 떨어진 다음에도 빨간 열매가 다닥다닥 붙어 있다.

다알리아 여름~가을, 6~9월, 분홍색 등
멕시코 원산으로 줄기는 곧추서고 높이 100~200cm이며, 위쪽에서 가지가 갈라진다.

단풍나무 봄, 5월, 붉은색
10m 높이로 겉질은 옅은 회갈색이고 잎은 마주나고 손바닥 모양으로 5~7개로 깊게 갈라진다.

대추나무 여름, 6~7월, 황록색
높이 7~8m로 열매는 길이 2~3cm로 타원형의 핵과로 9~10월에 녹색이나 적갈색으로 익는다.

등나무 봄, 5~6월, 연자주색
높이 10m 이상의 덩굴식물로 타고 올라 등불 같은 모양의 꽃을 피우는 나무라는 뜻이 있다.

모과나무 봄, 5월, 분홍색
울퉁불퉁하게 생긴 타원형 열매는 9월에 황색으로 익으며 향기가 좋으며 신맛이 강하다.

모란 봄, 5월, 붉은색·흰색 등
목단(牧丹)이라고도 한다. 꽃은 지름 15cm 이상으로 크기가 커서 화왕으로 불리기도 한다.

벚나무 봄, 4~5월, 분홍색
꽃은 잎보다 먼저 피고 산방꽃차례로 3~6개의 꽃이 달린다. 열매는 흑색으로 익으며 버찌라고 한다.

사철나무 여름, 6~7월, 연한 황록색
겨우살이나무, 동청목(冬靑木)이라고 한다. 추위에 강하고 사계절 푸르러 생울타리로 심는다.

숙근샐비어 여름~가을, 6~10월, 보라색
초여름부터 가을까지 꽃을 피우는 숙근식물로 내한성도 강하고 월동이 가능한 식물이다.

영산홍 봄, 4~5월, 홍자색·붉은색 등
반상록 관목으로 줄기는 높이 15~90cm이며 가지는 잘 갈라져 잔가지가 많고 갈색 털이 있다.

으름덩굴 봄, 4~5월, 흰색
덩굴성 식물이며 잎은 손꼴겹잎으로 으름은 열매의 속살이 얼음처럼 보이는 데서 유래 되었다.

체리 봄, 4월, 흰색
꽃이 핀 지 60~80일이 지난 뒤인 5~7월에 검붉은 색을 띤 둥근 과실로 '버찌'라고도 부른다.

튤립 봄, 4~5월, 빨간·노란색 등
꽃은 1개씩 위를 향하여 빨간색·노란색 등 여러 빛깔로 피고 길이 7cm 정도이며 넓은 종 모양이다.

플록스 여름, 6~8월, 진분홍색
그리스어의 '불꽃'에서 유래되었다. 꽃이 줄기 끝에 다닥다닥 모여 있는 모습이 매우 정열적이다.

조경도면 | Landscape Drawing

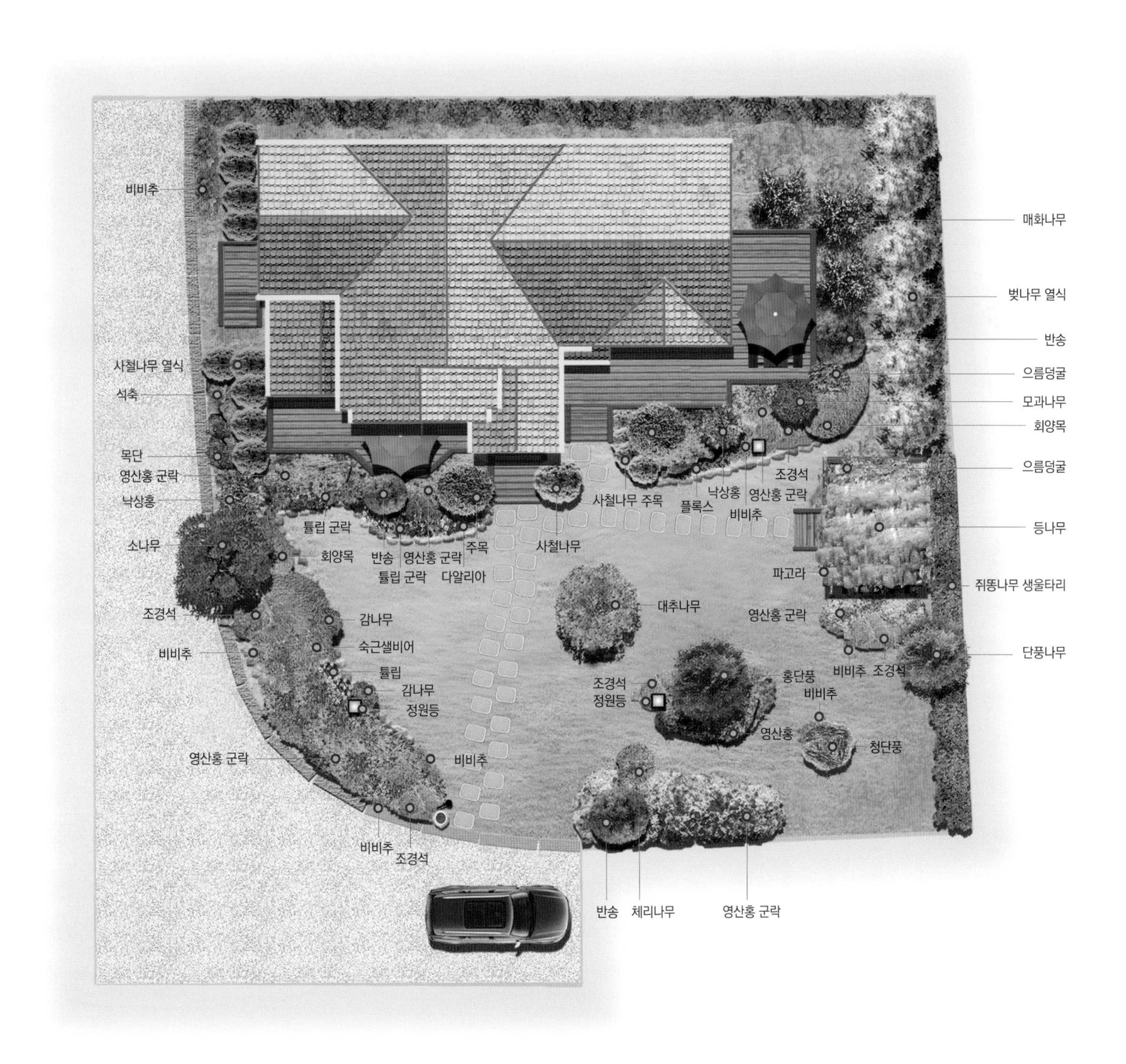

01_ 자연스러운 경사지에 지은 펜션과 정원이 평온함을 주고, 도로 아래로 청풍호의 조망이 빼어난 곳이다.
02_ 봄날 비 갠 후 촉촉이 젖은 대지의 수채화 같은 풍경이다.
03_ 꽃이 만발한 날들이 인생의 절정기라는 의미로 붙여진 '블루밍데이즈', 이름 그대로 맑은 바람과 밝은 달이 머무는 펜션이다.
04_ 건물 앞 화단에는 사시사철 푸른 상록성의 소나무, 주목, 사철나무 위주로 심고 그 앞으로 화초류를 심어 화려한 색감을 더했다.

01

02

03

04

05_ 청풍호반이 한눈에 내려다보이는 화단에 먼저 꽃을 피운 화사한 튤립이 가득하다.
06_ 도로 쪽에서 바라본 주정원의 모습으로 한쪽에 파고라 형태의 정자를 만들어 전망대 겸 휴식공간으로 활용한다.
07_ 경사진 면에 조경석을 적절히 배치하고 조망을 해치지 않도록 전지·전정한 키 작은 단풍나무와 모과나무를 요점식재 하였다.

01

02

03

04

05

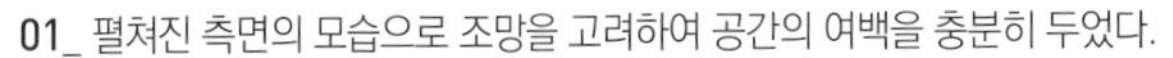

01_ 펼쳐진 측면의 모습으로 조망을 고려하여 공간의 여백을 충분히 두었다.
02_ 전지·전정으로 적절한 수고를 유지한 식물들을 배치하여 넓은 시야를 확보한 펜션 입구의 모습이다.
03_ 현관으로 이어지는 동선에 디딤돌을 놓았다.
04_ 윗자리에 배치한 소나무를 중심으로 완만한 경사를 이루며 펼쳐진 정원 측면의 모습이다.
05_ 초여름부터 가을까지 보라색 꽃이 피는 숙근샐비어를 포인트로 심었다.
06_ 별채로 이루어진 펜션들은 저마다 차별화된 정원이 조성되어 있어 전망과 함께 다양한 식물들을 볼 수 있다.
07_ 건물 전면의 넓은 데크, 으름덩굴과 한 몸이 된 정자는 정원과 주변의 풍경을 완상하는 최적의 휴식공간이다.
08_ 공공정원에 자연스럽게 형성된 경관석과 요점식재 한 조경수는 드라이브코스에서 보는 이의 눈을 즐겁게 해준다.

06

07

08

평면의 긴 잔디마당을 짜임새 있게 분할하고 화단은 마운딩하여
시선이 머무는 자연스러운 입체감을 더했다.

17 395 ㎡ 119 py

일산 푸르메마을 W씨댁

오랜 세월만큼이나 풍성한 정원

위 치 경기도 고양시 일산동구 성석동
대 지 면 적 527㎡(159py)
조 경 면 적 395㎡(119py)
조경설계·시공 건축주 직영

처음 정원이 완성되었을 때 방문한 뒤로 많은 세월이 흘렀다. 지나간 세월만큼이나 부풀었던 기대감은 진한 감동으로 소리 없이 다가왔다. 목재계단을 넘어 대문 안으로 들어서니 정원 가득 풍성하게 우거진 다양한 종류의 교목과 관목, 화초류가 장관을 이루고 있었다. 튼실하고 멋지게 잘 자란 교목과 관목으로 더욱 풍성해진 정원은 잘 자란 성인이 돼 있는 듯했다. 건축물보다도 더 긴 수명을 가진 푸른 교목들이 지나온 세월의 깊이를 고스란히 대변하고 있었다. 교목은 시간이 지남에 따라 아름답게 성장하여 정원의 이미지를 이끌며 풍경을 만들어줌은 물론, 차폐기능과 방풍효과, 여름이면 무성한 나뭇잎으로 시원한 그늘까지 제공해준다. 정원 깊숙이 녹음이 우거진 곳에 정자, 물소리를 내는 작은 분수를 설치하고, 테이블과 벤치를 놓아 만든 아늑한 휴식공간, 그리고 마주 보는 쪽에는 흙으로 둔덕을 만들어 초화류와 야생화혼합식재로 화사한 작은 화단을 만들었다. 오랜 세월이 지나 더욱 아름답고 풍성하게 변해 있는 정원의 모습에서 어린아이를 지극 정성으로 보살피며 잘 성장시킨 어머니의 깊은 사랑을 느끼듯 마음에 포근한 감동을 전해주는 정원이다.

주요 나무와 야생화 MAJOR TREE & WILD FLOWER

금낭화 봄, 5~6월, 붉은색
전체가 흰빛이 도는 녹색이고 꽃은 담홍색의 볼록한 주머니 모양의 꽃이 주렁주렁 달린다.

눈주목 봄, 4월, 갈색·녹색
나비가 높이의 2배 정도로 퍼지고 둥근 컵처럼 생긴 붉은빛 가종피(假種皮) 안에 종자가 들어 있다.

메리골드 봄~가을, 5~10월, 노란색
멕시코 원산이며 줄기는 높이 15~90cm이고 초여름부터 서리 내리기 전까지 긴 기간 꽃이 핀다.

모과나무 봄, 5월, 분홍색
울퉁불퉁하게 생긴 타원형 열매는 9월에 황색으로 익으며 향기가 좋으며 신맛이 강하다.

모란 봄, 5월, 붉은색·흰색 등
목단(牧丹)이라고도 한다. 꽃은 지름 15cm 이상으로 크기가 커서 화왕으로 불리기도 한다.

반송 봄, 5월, 노란색·자주색
높이 2~5m로 잎은 2개씩 뭉쳐나며 줄기 밑 부분에서 많은 줄기가 갈라져 우산 모양이다.

벚나무 봄, 4~5월, 분홍색
꽃은 잎보다 먼저 피고 산방꽃차례로 3~6개의 꽃이 달린다. 열매는 흑색으로 익으며 버찌라고 한다.

불두화 여름, 5~6월, 연초록색·흰색
꽃의 모양이 부처의 머리처럼 곱슬곱슬하고 4월 초파일을 전후해 꽃이 만발하므로 불두화라고 부른다.

빈카마이너 봄, 4~5월, 보라색
원예용으로 늘 푸른 덩굴풀이다. 연보랏빛 꽃은 바람개비 모양이고, 다른 나무 아래 심어도 잘 자란다.

애기아주가 봄, 5~6월, 보라색
꽃은 5~6월에 걸쳐 푸른 보라색으로 피며 꽃대 높이는 15~20cm이다. 잎이나 줄기에 털이 없다.

임파첸스/서양봉선화 여름~가을, 6~11월, 분홍·빨강 등
1년 초로 꽃의 크기는 4~5cm이고 줄기 끝에 분홍·빨강·흰색꽃 등이 6월부터 늦가을까지 핀다.

철쭉 봄, 4~5월, 흰색 등
진달래와 달리, 철쭉은 독성이 있어 먹을 수 없는 '개꽃'으로 영산홍, 자산홍, 백철쭉이 있다.

측백나무 봄, 4월, 녹색
비늘 모양의 잎이 뾰족하고 가지의 나무 모양이 아름다워서 생울타리, 관상용으로 심는다.

패랭이꽃/석죽 여름~가을, 6~8월, 붉은색
높이 30cm 내외로 꽃의 모양이 옛날 사람들이 쓰던 패랭이 모자와 비슷하여 지어진 이름이다.

팬지 봄, 2~5월, 노란색·자주색 등
2년초로서 유럽에서 관상용으로 들여와 전국 각지에서 관상초로 심고 있는 귀화식물이다.

한련화 여름, 6~8월, 노란색 등
유럽에서는 승전화(勝戰花)라고 하며 덩굴성으로 깔때기 모양의 꽃과 방패 모양의 잎이 아름답다.

조경도면 | Landscape Drawing

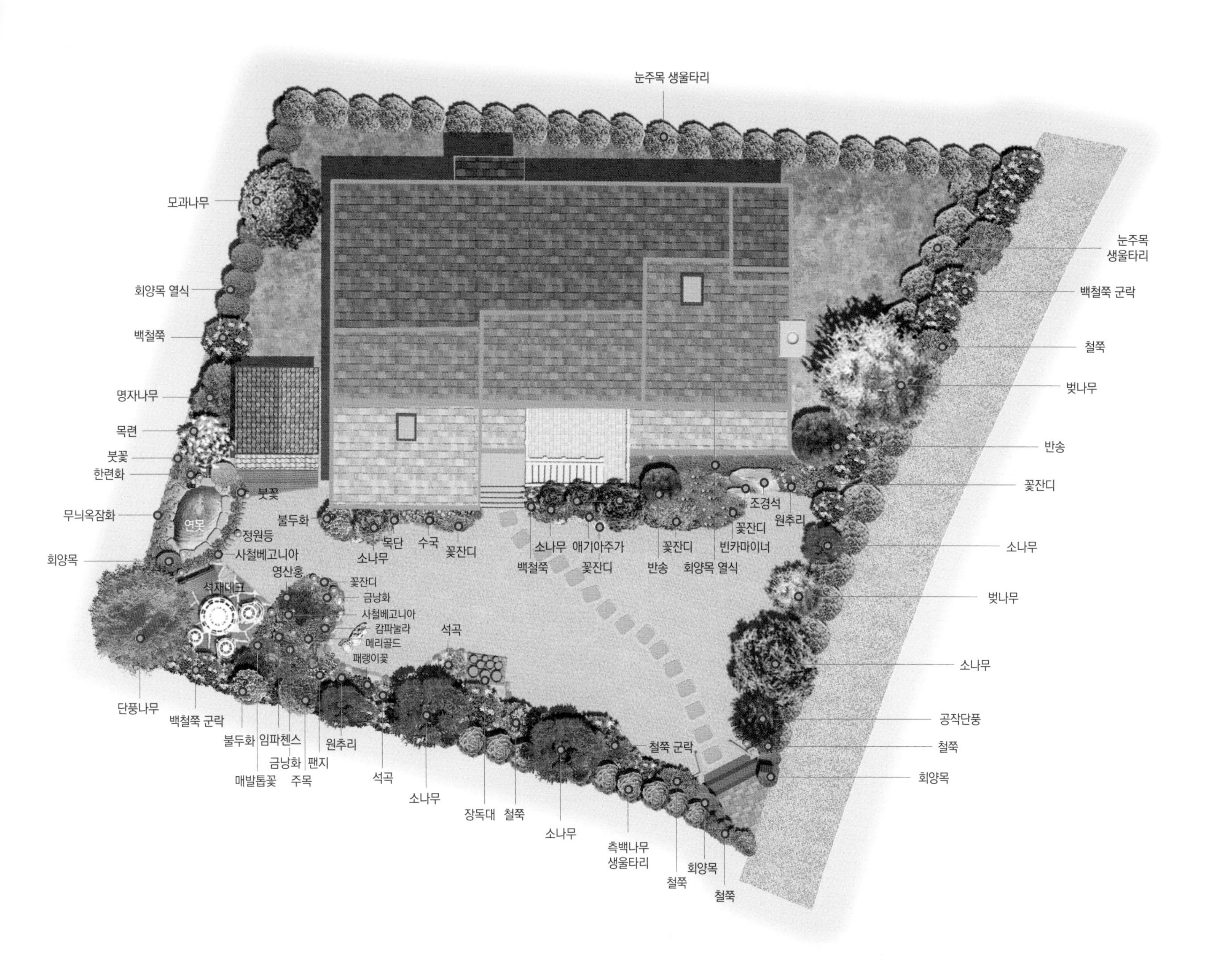

01_ 나지막이 돋운 집터와 대문 앞의 멋스럽게 잘 자란 소나무가 돋보인다.
02_ 풍성하게 자란 교목들이 집을 감싸 듯 포근한 감동을 전해주는 정원이다.
03_ 현관 입구 옆에 관상 가치가 높은 조형소나무를 포인트로 식재하여 나무데크를 보완하고 그 밑에 다양한 꽃으로 화사함을 더했다.

04_ 대문에서 바라본 정원으로 뒷산과 어울려 마치 숲에 들어선 듯 진한 녹음이 인상적이다.
05_ 도로에서 바라본 건물 우측면으로 수목이 세월만큼이나 무성해졌다.
06_ 부드러운 곡선 따라 자연석으로 경계를 두른 디자인 감각이 느껴지는 아름다운 화단이다.
07_ 마당 한가득 교목과 관목이 서로 자랑이라도 하듯 빈틈없이 싱그럽다.

01_ 아름답게 만발한 꽃과 아기자기한 소품들은 정원을 더욱더 감성적인 공간으로 이끌며 보는 이의 감성을 자극한다.
02_ 단풍나무 밑에 테이블과 벤치를 놓아 아늑한 휴식공간으로 활용하고 있다.
03_ 아담하게 조성한 미니화단에 다양한 야생화와 초화류가 만발하여 작은 꽃동산을 이루었다.
04_ 테이블 뒤의 우거진 교목과 관목의 차폐 효과로 아늑함과 심미성이 공존하는 휴식공간이다.

05_ 정자 앞에 분수가 있는 미니 연못을 조성하고 사철베고니아, 옥잠화, 한련화 등 꽃과 소품으로 주변을 아기자기하게 꾸몄다.
06_ 현관 앞 데크에서 바라본 잘 관리한 그린정원의 모습이다.
07_ 2층 테라스에서 내려다본 대문 입구의 모습이 평화롭고 고즈넉하다.
08_ 세로살 형태로 디자인한 나지막한 목재 대문의 모습이다.

18

389 ㎡
118 py

용인 향린마을 S씨댁

여백미를 살린 간결한 정원

위 치	경기도 용인시 기흥구 동백동
대지면적	485㎡(147py)
조경면적	389㎡(118py)
조경설계·시공	향린조경

집마다 조경이 잘 조성된 용인의 고급전원주택 단지 내의 전원주택 조경 사례이다. 대부분 사람이 추구하듯 전원주택 대미의 완성은 조경에 있다. 그렇다면 대를 이어 이런 조경업을 해온 건축주의 정원은 어떨까 하는 궁금증은 짜임새 있고 조화로운 정원디자인에서 간단명료한 답을 얻었다. 100평 남짓한 잔디마당의 외곽선을 따라 여느 정원과는 사뭇 다른 느낌의 높고 낮은 화단으로 시선이 먼저 간다. 조경블록으로 높낮이를 달리하여 특징 있게 쌓아 만든 화단은 정원의 환경적인 약점을 보완하면서 첨경물을 대신한다. 주택 전면에는 조형소나무 세 그루를 요점식재하고 데크를 설치해 가까이 앉아서 소나무 향을 즐기며 쉴 수 있는 운치 있는 휴식공간을 만들었다. 보통 채소밭은 후정이나 정원 한 모퉁이 땅바닥에 조성하는 것과는 달리 보강토블록으로 높게 쌓아 만든화단에 채소를 가꾸는 것 또한 특징으로 채소밭 겸 첨경물의 효과를 낸 이채로운 모습이다. 조경은 자신만의 감성표현으로 땅 위에 그려가는 하나의 창작품이다. 같은 소재를 놓고 주어진 환경에 맞추어 어떻게 표현하느냐에 따라 서로 다른 느낌의 감동을 준다. 건축주의 취향과 개성이 담긴 색다른 분위기를 접할 수 있는 조경작품이다.

대문과 대문 사이의 철제 펜스 사이에 측백나무를 밀도 있게 열식하여 담장을 대신했다.

주요 나무와 야생화 MAJOR TREE & WILD FLOWER

금낭화 봄, 5~6월, 붉은색
전체가 흰빛이 도는 녹색이고 꽃은 담홍색의 볼록한 주머니 모양의 꽃이 주렁주렁 달린다.

남천 여름, 6~7월, 흰색
과실은 구형이며 10월에 붉게 익는다. 단풍과 열매도 일품이어서 관상용으로 많이 심는다.

눈주목 봄, 4월, 갈색·녹색
나비가 높이의 2배 정도로 퍼지고 둥근 컵처럼 생긴 붉은빛 가종피(假種皮) 안에 종자가 들어 있다.

돌단풍 봄, 4~5월, 흰색
잎의 모양의 5~7개로 깊게 갈라진 단풍잎과 비슷하고 바위틈에서 자라 '돌단풍'이라고 한다.

매발톱꽃 봄, 4~7월, 자갈색 등
꽃잎 뒤쪽에 '꽃뿔'이라는 꿀주머니가 매의 발톱처럼 안으로 굽은 모양이어서 이름이 붙었다.

모란 봄, 5월, 붉은색·흰색 등
목단(牧丹)이라고도 한다. 꽃은 지름 15cm 이상으로 크기가 커서 화왕으로 불리기도 한다.

배롱나무/백일홍/간지럼나무 여름, 7~9월, 붉은색 등
100일 동안 꽃이 피어 '백일홍' 또는 나무껍질을 손으로 긁으면 잎이 움직인다고 하여 '간지럼나무'라고도 한다.

소나무 봄, 5월, 노란색·자주색
항상 푸른 솔의 나무로 바늘잎은 2개씩 뭉쳐나고 2년이 지나면 밑 부분의 바늘잎이 떨어진다.

앵두나무 봄, 4~5월, 흰색
앵도나무라고도 한다. 꽃은 흰색 또는 연한 붉은색이며 둥근 열매는 6월에 붉은색으로 익는다.

앵초 봄, 6~7월, 붉은색
꽃은 잎 사이에서 나온 높이 15~40cm의 꽃줄기 끝에 산형꽃차례로 5~20개가 달린다.

에메랄드그린 봄, 4~5월, 연녹색
침엽상록 교목으로 서양측백나무의 일종. 에메랄드골드와는 달리 잎은 늘 푸른 녹색을 띤다.

영산홍 봄, 4~5월, 홍자색·붉은색 등
반상록 관목으로 줄기는 높이 15~90cm이며 가지는 잘 갈라져 잔가지가 많고 갈색 털이 있다.

옥잠화 여름~가을, 8~9월, 흰색
꽃은 총상 모양이고 화관은 깔때기처럼 끝이 퍼진다. 저녁에 꽃이 피고 다음날 아침에 시든다.

큰꽃으아리/클레마티스 봄~여름, 5~6월, 흰색 등
꽃은 10~15cm로 흰색, 연한 자주색 등 다양하게 있고 가지 끝에 원추꽃 차례로 1개씩 달린다.

화살나무 봄, 5월, 녹색
많은 줄기에 많은 가지가 갈라지고 가지에는 화살의 날개 모양을 띤 코르크질이 2~4줄이 생겨난다.

황금눈향나무 봄, 4~5월, 노란색
원줄기가 비스듬히 서거나 땅을 기며 퍼진다. 향나무와 비슷하나 옆으로 자라 가지가 꾸불꾸불하다.

조경도면 | Landscape Drawing

01

02

03

01_ 국내 고급전원주택 단지의 효시라 할 수 있는 향린동산에 있는 전원주택으로 적벽돌 외벽 마감이 중후한 분위기를 자아낸다.
02_ 시각적인 개방감을 강조한 실용적인 검은색 철제의 주차장 입구와 출입구를 제외하고 측백나무 생울타리를 조성하여 담장을 대신했다.
03_ 건물 전면에 데크를 설치하고 그 앞에 조경블록으로 화단을 낮추어 휴식공간의 시야를 아름답게 꾸몄다.
04_ 데크를 싱그럽게 장식하고 있는 소나무와 반송, 부드러운 곡을 준 화단이 데크 위의 시선을 즐겁게 해준다.
05_ 집과 조경, 조경과 자연이 조화를 이룬 평화로운 전원주택의 아름다운 정원이다.

01_ 데크 둘레에 화단을 만들고 키 작은 나무와 화초류를 심어 풍성함하게 가꾸었다.

02_ 데크를 넉넉하게 설치하고 화단과 화분으로 꾸민 현관 입구의 모습이다.

03_ 데크를 오르는 계단부로 조경블록을 이용해 만든 화단과 디딤돌의 섬세함이 있다.

04_ 조경블록으로 낮게 구성한 화단으로 데크와 잔디마당과의 경계를 구분하고 시선을 편안하게 하는 완충 역할을 한다.

05, 06_ 소나무를 요점식재 한 뒤 데크를 설치해 운치 있는 휴게공간을 연출했다.

07_ 교목과 관목의 조화로운 배색으로 시선이 머무는 정원디자인이다.

05

06

07

01

02

03

01_ 전체적인 정원의 이미지와 조화를 이룬 대문과 주차장 입구의 모습을 볼 수 있다.
02_ 열려 있는 대지의 특성을 보완하기 위해 보강토블록을 쌓아 이웃집과의 사이에 차폐효과를 거두는 동시에 하나의 조경 요소가 된 색다른 채소밭이다.
03_ 철쭉과 조경석, 채소밭이 조화를 이룬 모습이다.
04_ 솔향 나는 소나무를 포인트로 삼아 만든 주택 전면 데크의 운치 있는 휴식공간이다.
05_ 대문에서 데크로 이어지는 동선에 디딤돌을 놓아 보행의 편리함을 고려했다.
06_ 정원 한쪽에 판석으로 깔끔하게 포장한 주차장이다.
07_ 건물의 후면에 덧대어 경사지붕이 있는 주차장을 만드니 비바람도 피하고 접근성도 좋아졌다.

에스원

19

387 ㎡
117 py

화이트 톤의 모던한 주택과 블랙 톤의 낮은 펜스가 세련된 이미지를 주는 현대주택이다.

용인 향린마을 K씨댁

선과 패턴을 이용한 정원 디자인

위 치	경기도 용인시 기흥구 동백동
대 지 면 적	483㎡(146py)
조 경 면 적	387㎡(117py)
조경설계·시공	건축주 직영

이 주택의 정원은 정형식과 자연식을 결합한 절충식을 따르고 있다. 조경 평면의 구획은 직선이나 곡선을 이용한 정형식을, 수목이나 초화류는 자연식 기법에 따라 조화롭게 심어 나갔다. 조경 평면디자인에서 용도에 맞는 면적을 구분하기 위한 직선과 곡선의 이용은 피할 수 없는 작업과정이다. 선의 주제가 기본적으로 직선이냐 곡선이냐 원이냐에 따라 정원의 분위기는 많이 달라진다. 직선 형태의 디자인은 공간사용의 효율성을 높일 수 있어 선호하는 패턴이나 정형적이고 인위적인 느낌이 있는 반면, 곡선은 공간 사용의 효율 면에서는 다소 떨어지지만 부드럽고 자연스러운 편안한 느낌을 준다. 직선이나 곡선 형태의 디자인에 원을 일부 넣으면 강렬한 느낌을 주어 정원에 포인트를 주는 패턴으로 이용하기도 한다. 정원디자인에서 선과 패턴은 어떻게 표현하느냐에 따라 공간은 넓거나 좁게, 때론 길거나 짧게 보일 수 있으므로 적절한 선과 패턴을 이용한 디자인이 아이디어가 필요하다. 이곳의 정원은 직선의 주차장과 데크, 원형의 석재데크와 곡선의 화단이 선의 조화를 이루며 적절한 공간분할을 한 정원으로 선과 패턴의 디자인이 잘 적용된 사례이다.

주요 나무와 야생화 MAJOR TREE & WILD FLOWER

공작단풍/세열단풍 봄, 5월, 붉은색
잎이 7~11개로 갈라지고 갈라진 조각이 다시 갈라지며 잎은 가을에 아름다운 빛깔로 물든다.

꽃잔디 봄~여름, 4~9월, 진분홍·보라·흰색
멀리서 보면 잔디 같지만, 아름다운 꽃이 피 기 때문에 '꽃잔디'라고도 하며, '지면패랭이꽃'이라고도 한다.

단풍나무 봄, 5월, 붉은색
10m 높이로 껍질은 옅은 회갈색이고 잎은 마주나고 손바닥 모양으로 5~7개로 깊게 갈라진다.

매발톱꽃 봄, 4~7월, 보라색·흰색 등
꽃이 보라색인 하늘매발톱, 연한 황색인 노랑매발톱, 흰색인 흰하늘매발톱, 적갈색 매발톱꽃도 있다.

배롱나무/백일홍/간지럼나무 여름, 7~9월, 붉은색 등
100일 동안 꽃이 피어 '백일홍' 또는 나무껍질을 손으로 긁으면 잎이 움직인다고 하여 '간지럼나무'라고도 한다.

붓꽃 봄~여름, 5~6월, 자주색 등
약간 습한 풀밭이나 건조한 곳에서 자란다. 꽃봉오리의 모습이 붓과 닮아서 '붓꽃'이라 한다.

뽕나무 여름, 6월, 노란색
오디는 소화 기능과 대변의 배설을 순조롭게 한다. 먹고 나면 방귀가 뽕뽕 나온다고 뽕나무라고 한다.

삼색조팝나무 여름, 6월, 분홍색
일본 원산으로 줄기는 모여 나고 높이 1m에 달하며 꽃은 새 가지 끝에 우산 모양으로 달린다.

에메랄드골드 봄, 4~5월, 노란색
서양측백의 일종으로 황금색의 잎과 가지가 조밀하고 원추형의 수형이 아름다운 수종이다.

옥잠화 여름~가을, 8~9월, 흰색
꽃은 총상 모양이고 화관은 깔때기처럼 끝이 퍼진다. 저녁에 꽃이 피고 다음날 아침에 시든다.

작약 봄~여름, 5~6월, 붉은색·흰색
높이 60cm로 꽃은 지름 10cm 정도로 1개가 피는데 크고 탐스러워 '함박꽃'이라고도 한다.

장미 봄, 5~9월, 붉은색 등
장미는 지금까지 2만 5,000종이 개발되었고 품종에 따라 형태, 모양, 색이 매우 다양하다.

주목 봄, 4월, 노란색·녹색
열매는 8~9월에 적색으로 익으며 컵 모양으로 열매 살의 가운데가 비어 있고 안에 종자가 있다.

철쭉 봄, 4~5월, 연분홍색 등
높이 2~5m로 철쭉은 걸음을 머뭇거리게 한다는 뜻의 '척촉(擲躅)'이 변해서 된 이름이다.

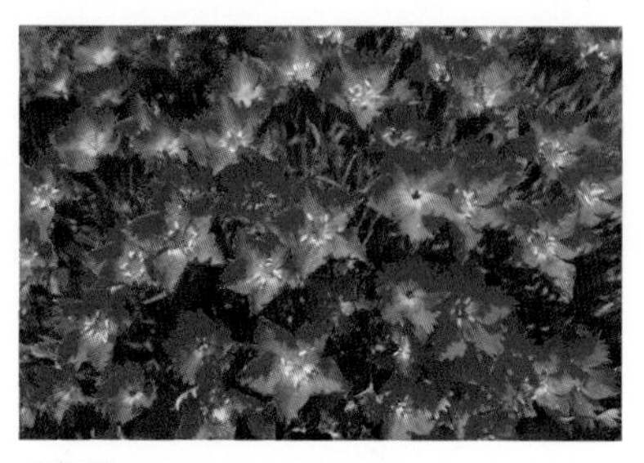

패랭이꽃 여름~가을, 6~8월, 붉은색
높이 30cm 내외로 꽃의 모양이 옛날 사람들이 쓰던 패랭이 모자와 비슷하여 지어진 이름이다.

황금실향나무 봄, 4월, 노란색
사계절 내내 푸르고 가는 부드러운 잎이 특징으로 실과 같이 가는 황금색 잎이 밑으로 처진다.

조경도면 | Landscape Drawing

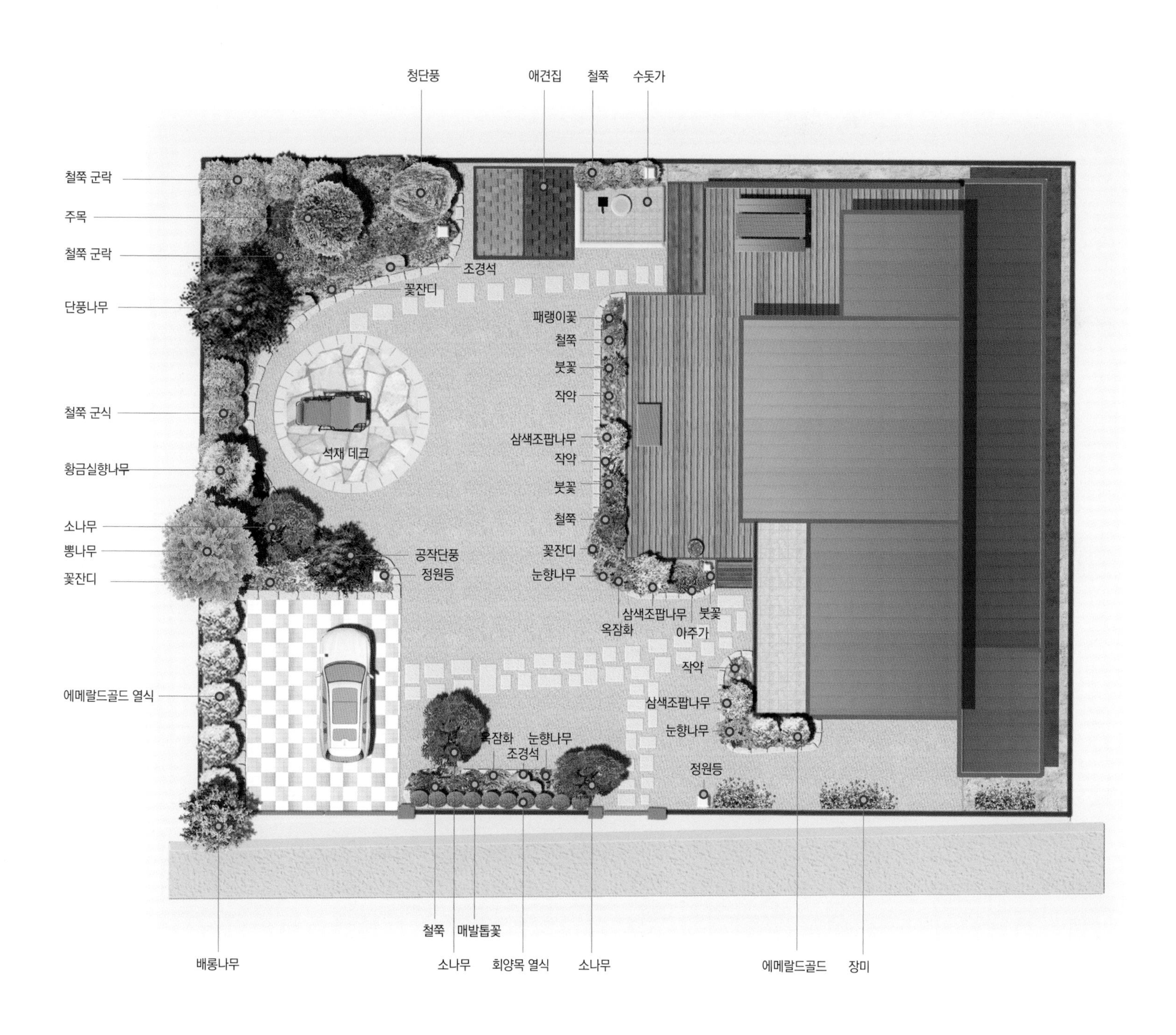

01_ 경사지에 보강토블록을 쌓아 땅을 정지하고 전면에 에메랄드골드를 열식하여 차폐했다.
02_ 정원 곳곳에 라운드 형태의 화단을 조성해 부드러운 분위기를 더하였다.
03_ 나지막한 화단에는 작약, 황금조팝나무, 꽃잔디 등이 제철을 만나 활짝 피었다.
04_ 직선과 곡선, 원을 적절하게 조합해 조화를 이룬 정원디자인이다.
05_ 선과 선을 잇는 디자인은 사각형의 중심이나 꼭짓점 또는 1/2지점을 지나는 지점에서 연결해 나가는 것이 안정감이 있고 보기에도 좋다.
06_ 곡선의 화단 경계선 앞에 원형의 석재데크를 놓아 잔디마당에 포인트를 주었다.
07_ 계단식데크 주변에 화단을 조성하고 낮은 관목과 화초류를 심어 꾸몄다.

04

05

06

07

01_ 낮은 담은 형식적인 경계일 뿐 안과 밖은 개방된 하나의 공간이다.
02_ 정원의 한쪽 끝에 주차장이 있다.
03_ 싱그럽고 튼튼하게 자라는 크고 작은 교목과 관목들이 조화로운 정원 풍경이다.
04_ 직선과 곡선을 적절히 조합한 평면 구획으로 모던한 느낌의 정원 디자인이다.

01

05_ 에메랄드골드, 뽕나무, 소나무, 공작단풍 등으로 이루어진 측면의 풍경이다.
06_ 직선의 각도 변화로 역동적인 분위기를 가미하거나 완화할 수 있다.
07_ 정원의 주제목이 된 두 그루의 조형소나무가 겸손한 자세로 고개를 숙였다.
08_ 데크 측면에 에메랄드골드를 요점식재 하여 차폐 효과를 냈다.

02

04

03

05

06

07

08

3

적은 수종의 수목으로 반복심기를 하여 작은 정원이지만 조경 효과를 극대화했다.

20 344㎡ 104py

양평 갑을전원주택단지 JS씨댁

경사지의 화려한 변신, 석축 정원

위치 경기도 양평군 강상면 세월리
대지면적 402㎡(122py)
조경면적 344㎡(104py)
조경설계·시공 건축주 직영
취재협조 박정섭목조건축디자인연구소

이 주택은 좁은 대지에 정원을 조성해 효율성을 높인 경사지 위의 단아한 목조주택이다. 유난히 산이 많은 우리나라 전원주택의 정원은 주변의 산세와 경관까지도 고려하여 서로 잘 동화되도록 설계하는 것이 중요하다. 그러므로 조경은 자연을 그대로 연장한다는 개념으로 생각하여 사람의 손길이 덜 가면서도 자연의 모습을 아름답게 담아 연출해내려 노력한다. 또한, 건물입지 면에서도 풍수지리 사상의 영향으로 배산임수의 양택을 하게 되어 주로 경사 지형이 많다. 이런 주택들은 도심의 주택에 비해 주위에 산이 둘러싸고 있는 형태라 수직적 공간 구분을 피하기 어렵다. 이 집의 정원처럼 경사지에 단을 쌓고 꽃과 나무를 심어 변화를 꾀하는 식이다. 이 곳은 정원과 자연의 경계를 흐리기 위해 담도 일부러 낮게 만들어 앞에 펼쳐진 산과 전원의 풍경이 정원으로 이어지며 일체감이 들도록 했다. 정원은 자연으로 확장되고, 자연은 정원으로 들어오는 식이다. 정원의 큰 틀은 자연을 끌어들이되 주인의 취향에 맞추어 넓은 데크를 설치하거나 텃밭, 장독대를 만들고 야외용 테이블을 배치하는 등의 정원 꾸미기의 다양한 테크닉을 보인다. 마치 수를 놓은 듯 꽃들이 유난히 풍성하게 돋보이는 경사지의 화려한 정원이다.

주요 나무와 야생화 MAJOR TREE & WILD FLOWER

공작단풍/세열단풍 봄, 5월, 붉은색
잎이 7~11개로 갈라지고 갈라진 조각이 다시 갈라지며 잎은 가을에 아름다운 빛깔로 물든다.

과꽃 여름~가을, 7~9월, 붉은색 등
줄기는 가지를 많이 치며, 꽃은 국화와 비슷한데 지름 6~7.5cm로 긴 꽃자루 끝에 달린다.

금낭화 봄, 5~6월, 붉은색
전체가 흰빛이 도는 녹색이고 꽃은 담홍색의 볼록한 주머니 모양의 꽃이 주렁주렁 달린다.

꽃잔디 봄~여름, 4~9월, 진분홍·보라·흰색
멀리서 보면 잔디 같지만, 아름다운 꽃이 피기 때문에 '꽃잔디'라고도 하며, '지면패랭이꽃'이라고도 한다.

단풍나무 봄, 5월, 붉은색
10m 높이로 껍질은 옅은 회갈색이고 잎은 마주나고 손바닥 모양으로 5~7개로 깊게 갈라진다.

매발톱꽃 봄, 4~7월, 보라색·흰색 등
꽃이 보라색인 하늘매발톱, 연한 황색인 노랑매발톱, 흰색인 흰하늘매발톱, 적갈색 매발톱꽃도 있다.

바위취 봄, 5월, 흰색
햇빛이 없는 곳에서도 잘 자라며 돌계단, 축대 사이에 심으면 봄에 하얀 꽃을 볼 수 있다.

반송 봄, 5월, 노란색·자주색
높이 2~5m로 잎은 2개씩 뭉쳐나며 줄기 밑 부분에서 많은 줄기가 갈라져 우산 모양이다.

백철쭉 봄, 4~5월, 흰색 등
높이 2~5m로 철쭉은 걸음을 머뭇거리게 한다는 뜻의 '척촉(躑躅)'이 변해서 된 이름이다.

서양민들레 봄~여름, 3~9월, 노란색
다년초로 잎은 뿌리에서 뭉쳐나고 꽃은 잎이 없는 꽃대 끝에 2~5cm의 두상화 1개가 달린다.

소나무 봄, 5월, 노란색·자주색
항상 푸른 솔의 나무로 바늘잎은 2개씩 뭉쳐나고 2년이 지나면 밑 부분의 바늘잎이 떨어진다.

옥잠화 여름~가을, 8~9월, 흰색
꽃은 총상 모양이고 화관은 깔때기처럼 끝이 퍼진다. 저녁에 꽃이 피고 다음날 아침에 시든다.

원추리 여름, 6~8월, 주황색
잎 사이에서 가는 줄기가 나와 100cm 높이로 곧게 자라고 잎은 2줄로 늘어서고 끝이 처진다.

주목 봄, 4월, 노란색·녹색
열매는 8~9월에 적색으로 익으며 컵 모양으로 열매 살의 가운데가 비어 있고 안에 종자가 있다.

참나리 여름~가을, 7~8월, 붉은색
꽃은 붉은색 바탕에 검은빛이 도는 자주색 점이 많으며 4~20개가 밑을 향하여 달린다.

회양목 봄, 4~5월, 노란색
높이는 5m로 석회암지대가 발달한 강원도 회양(淮陽)에서 많이 자랐기 때문에 회양목이라고 한다.

조경도면 | Landscape Drawing

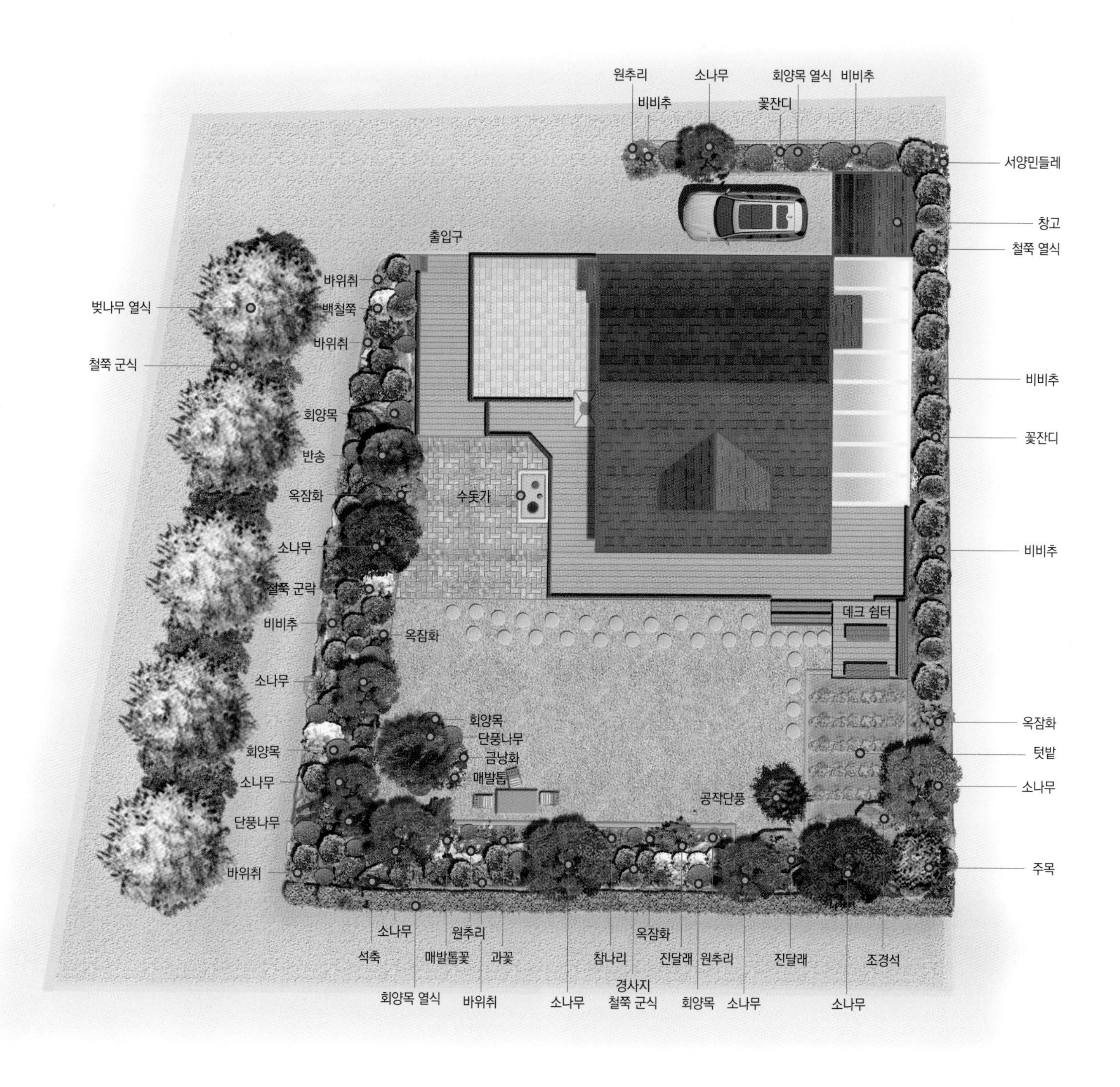

01

02

03

01_ 이웃집에서 바라본 모습. 사선을 강조한 외관디자인이 이국적인 모습을 보인다.
02_ 2층에도 넓은 테라스를 마련하여 주변의 풍광을 즐길 수 있다.
03_ 세월이 지났어도 단아한 소형 목조주택의 모습은 그대로고 자리 잡은 주변의 나무와 꽃들은 더욱더 무성해졌다.
04_ 후정에 파사드지붕 형태의 창고도 1동 마련하였다.
05_ 머무는 시간은 적으나 이용 횟수가 잦은 진입공간으로 전원주택단지의 이미지를 대표하는 곳이다.
06_ 석축에는 흙의 유실을 막을 수 있도록 영산홍과 철쭉, 회양목, 야생화 등을 빼곡히 심어 개화기가 되면 꽃들이 만발해 꽃동산을 이룬다.
07_ 경사지에 자연석으로 단을 쌓고 꽃과 나무를 심어 변화를 꾀하였다.

01_ 정원 둘레에 소나무와 낮은 관목을 심어 담을 대신하고 있다.
02_ 널찍한 데크를 설치해 야외에서도 즐길 수 있는 공간을 확보했다.
03_ 어린아이가 있는 집의 정원은 햇볕을 많이 받고, 아이들이 뛰어놀 공간으로 잔디마당을 넓게 조성하면 좋을 것이다.
04_ 잔디밭에 수형이 좋은 공작단풍과 단풍나무를 요점식재 하였다.
05_ 담을 없애고 시야를 확보하여 앞에 펼쳐진 산과 전원의 풍경이 정원과 이어지도록 했다.
06_ 진입로 중앙분리대의 벚꽃들이 무성하여 차폐 효과가 있다.
07_ 정원 한쪽에 계절만큼이나 화사한 철제 테이블과 의자를 놓아 만든 휴식공간이다.
08_ 중앙분리대까지 계획한 전원주택단지의 주 진입로이다.

03

04

05

06

07

08

정원의 수목들이 세월만큼이나 아름드리 무성하게 자라 서로 제 몫을 다하며 하모니를 이루며 풍경을 만들어 내고 있다.

21

341 m²
103 py

일산 푸르메마을 Y씨댁

철쭉으로 수놓은 화사한 정원

위　　　치 경기도 고양시 일산동구 성석동
대 지 면 적 452㎡(137py)
조 경 면 적 341㎡(103py)
조경설계·시공 건축주 직영

좁은 면적의 도심 주택과는 달리 비교적 여유로운 대지에 짓는 전원주택에서 조경은 매우 중요한 의미가 있다. 도심을 탈피해 전원생활을 꿈꾸는 이들은 대부분 넓게 펼쳐진 푸른 잔디마당, 아름다운 꽃과 나무, 자연의 신선함과 푸르름 등을 기대하게 된다. 정원은 바로 이런 꿈과 상상을 하나, 둘씩 현실로 만들어나가는 공간이다. 주택의 외관을 더욱 돋보이게 함은 물론, 정신적인 면에서도 전원의 꿈을 완성해가는 마지막 단계이기도 하다. 따라서 저마다 특색 있고 아름다운 자연의 멋과 맛을 내어 나만의 특별한 정원을 만들고 가꾸려 노력한다. 비용이 많이 드는 조경이 아니어도 좋다. 지형과 배치, 조망, 향 등의 주변 환경을 최대한 이용하고, 주택과 식물의 조형적 균형을 이루며 경제적이면서도 주어진 환경에서 나름의 분위기를 연출할 수 있으면 된다. 이번 주택은 단지 내 제일 꼭대기에 위치해 정원 옆의 가까운 산으로 이어져 조망감과 함께 또 다른 정원이 있는 듯한 효과를 톡톡히 누리고 있는 주택이다. 주정에는 유난히 많은 철쭉이 활짝 펴 정원을 화사하게 물들이며 눈길을 끈다. 나만의 정원에서 활짝 핀 철쭉처럼 전원생활의 꿈을 이루며 풍성하고 즐거운 전원생활을 이어가고 있는 곳이다.

주요 나무와 야생화 MAJOR TREE & WILD FLOWER

꽃사과 봄, 4~5월, 흰색 등
잎은 사과 잎보다 연한 녹색으로 광택이 나며 꽃은 한 눈에서 6~10개의 흰색·연홍색의 꽃이 핀다.

꽃잔디 봄~여름, 4~9월, 진분홍·보라·흰색
멀리서 보면 잔디 같지만, 아름다운 꽃이 피기 때문에 '꽃잔디'라고도 하며, '지면패랭이꽃'이라고도 한다.

능소화 여름, 7~9월, 주황색
가지에 흡착 근이 있어 벽에 붙어서 올라가고 깔때기처럼 큼직한 꽃은 가지 끝에 5~15개가 달린다.

돌단풍 봄, 4~5월, 흰색
잎의 모양이 5~7개로 깊게 갈라진 단풍잎과 비슷하고 바위틈에서 자라 '돌단풍'이라고 한다.

매발톱꽃 봄, 4~7월, 자갈색 등
꽃잎 뒤쪽에 '꽃뿔'이라는 꿀주머니가 매의 발톱처럼 안으로 굽은 모양이어서 이름이 붙었다.

무스카리 봄, 4~5월, 남보라색
다년초 구근식물로 꽃대 끝에 꽃이 단지 모양으로 수십 개가 총상꽃차례로 아래로 늘어져 핀다.

보리수나무 봄, 5~6월, 흰색
꽃은 처음에는 흰색이다가 연한 노란색으로 변하며 1~7개가 산형(傘形)꽃차례로 달린다.

수국 여름, 6~7월, 자주색 등
중성화(中性花)인 꽃의 가지 끝에 달린 산방꽃차례는 둥근 공 모양이며 지름은 10~15cm이다.

스트로브잣나무 봄, 4~5월, 노란색·연자주색
잎은 5개씩 달리고 길이는 6~14cm로 수형은 원추형이며, 나무껍질은 잣나무보다 미끈하다.

영산홍 봄, 4~5월, 홍자색·붉은색 등
반상록 관목으로 줄기는 높이 15~90cm이며 가지는 잘 갈라져 잔가지가 많고 갈색 털이 있다.

자두나무 봄, 4월, 흰색
'오얏나무'라고도 하며 열매는 원형 또는 구형으로 자연생은 지름 2.2cm, 재배종은 7cm에 달한다.

자목련 봄, 4월, 자주색
꽃은 잎보다 먼저 피고 꽃잎은 6개로 꽃잎의 겉은 짙은 자주색이며 안쪽은 연한 자주색이다.

참나리 여름~가을, 7~8월, 붉은색
꽃은 붉은색 바탕에 검은빛이 도는 자주색 점이 많으며 4~20개가 밑을 향하여 달린다.

큰꽃으아리/클레마티스 봄~여름, 5~6월, 흰색 등
꽃은 10~15cm로 흰색, 연한 자주색 등 다양하게 있고 가지 끝에 원추꽃차례로 1개씩 달린다.

황매화 봄, 4~5월, 노란색
높이 2m 내외로 가지가 갈라지고 털이 없으며 꽃은 잎과 같이 잔가지 끝마다 노란색 꽃이 핀다.

회양목 봄, 4~5월, 노란색
높이는 5m로 석회암지대가 발달한 강원도 회양(淮陽)에서 많이 자랐기 때문에 회양목이라고 한다.

조경도면 | Landscape Drawing

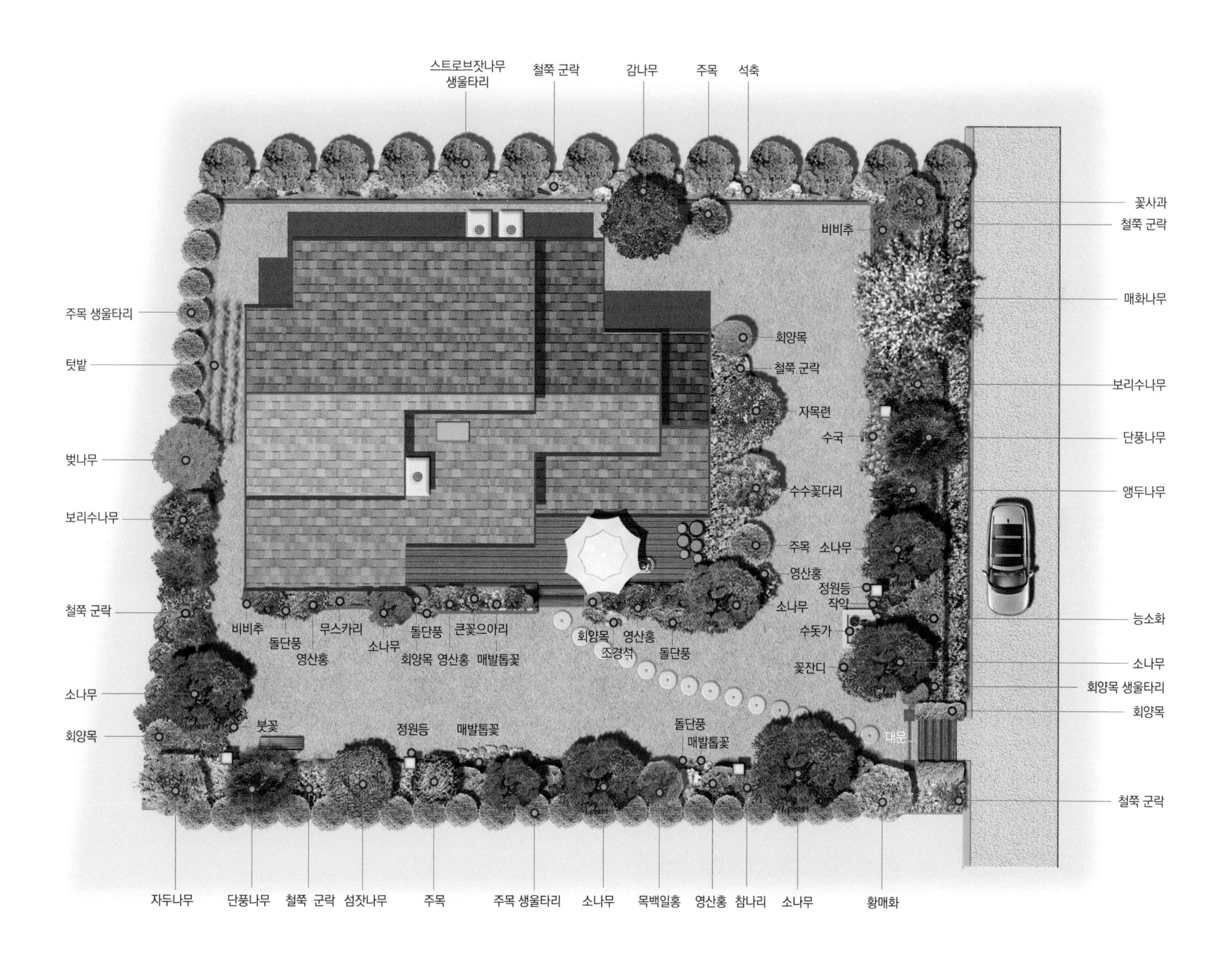

01_ 잘 자란 교목 아래로 마치 그린 카펫을 깔아 놓은 듯한 무성한 관목들이 빈틈을 보이지 않는다.
02_ 데크 아래 화단에는 붉은 철쭉이 절정을 이루며 화단을 수놓고 있다.
03_ 잔디마당 옆 산까지 시선이 이어져 더욱더 넓어 보이는 열린 정원이다.

01

02

04_ 철쭉이 유난히 돋보이는 정원이다. 화사한 꽃이 피는 철쭉류는 넓은 범위의 조경 공간을 동시에 아름답게 채색하기에 좋은 수종이다.
05_ 조형소나무의 가지가 주는 감동은 화려한 자태를 뽐내는 철쭉의 감동과는 또 다른 느낌이다. 자연의 아름다운 하모니이다.
06_ 정원 앞 경계에 심은 단풍나무, 주목, 소나무, 배롱나무 등이 이웃과의 직접적인 시선을 차단해 주는 기능을 하고 있다.
07_ 산으로 둘러싸여 있는 소담스러운 아늑한 봄날의 아름다운 풍경이다.

03

04

05

06

07

01_ 붓으로 색깔을 칠하면 이렇듯 화사할까? 자연의 오묘한 색들은 언제나 벅찬 감동으로 이어진다.
02_ 세월만큼이나 무성하게 자라 활짝 핀 철쭉처럼 풍성하게 즐거운 전원생활을 즐길 수 있는 정원이다.
03_ 교목 사이사이로 철쭉을 식재하여 정원 전체가 풍성하고 화사한 철쭉정원의 이미지가 강하다.
04_ 세월이 지나 화단을 꽉 채운 철쭉 세상에 다른 꽃들이 차지할 공간이 그리 여유롭지 않다.
05_ 수목이 많은 정원의 주인은 늘 손이 분주하다. 둥글고 소담스런 하나 하나의 철쭉들은 전지작업으로 다듬어 놓은 주인의 작품세계다.
06_ 넓은 측정에는 수수꽃다리, 자목련, 앵두나무 등 다양한 교목과 관목이 자리를 잡고 있다.
07_ 목공을 하거나 정원 손질을 위한 작업 공간으로 활용하는 측정이다.
08_ 주택의 정원이 아닌 정원의 주택이 되어 자연의 품에 안겼다. 세월이 지나 전원의 꿈을 활짝 이룬 아름다운 주택과 정원의 풍경이다.

03

04

05

06

07

에스원
77
08

환경에 잘 적응하며 잔잔한 감동을 주는 야생 화초는 자연주의식 화단을 추구하는 조경 마니아들 사이에 인기가 있다.

22 338 ㎡ / 102 py

완주 원기리주택

전통 요소를 가미한 야생화 뜰

위 치 전라북도 완주군 구이면 원기리
대 지 면 적 443㎡(134py)
조 경 면 적 338㎡(102py)
조경설계·시공 건축주 직영

담장 너머 넓게 펼쳐진 푸른 초원은 커다란 호수로 이어지고 빼어난 경관을 이루며 시원스러운 조망감을 안겨준다. 와편으로 마감한 외벽 하단과 전통문양, 와편굴뚝과 장독대, 기와를 얹은 낮은 담장과 대문 기둥, 정원 한쪽을 차지한 아궁이부뚜막과 가마솥, 곳곳에 배치한 항아리와 시루 등 전통 요소들이 조경의 주요 첨경물이 되어 향토색이 짙게 묻어난다. 여기에 야생화 사랑에 푹 빠져 있는 집주인은 곳곳에 집의 분위기와 잘 어울리는 앙증맞은 야생화를 많이 심어 화단은 야생화 천국이다. 처음에 테마로 정한 향토 야생화 정원의 이미지에 걸맞게 정원을 조금씩 가꿔가고 있다. 야생화가 유난히 많은 이 정원은 이른 봄이 되면 노란 복수초부터 시작하여 산수유, 능소화, 붉은인동, 할미꽃 등이 서로 경쟁이라도 하듯 얼굴을 내밀며 여기저기 예쁘게 피어나 즐거움을 선물한다. 대청마루를 대신해 데크에 앉아 있노라면 낮은 담장 너머로 푸른 초원이 시원스럽게 한눈에 들어온다. 자연주의 정원을 추구하는 집주인의 취향과 잘 맞는 입지환경으로 정원의 이미지와 조화가 잘 이루어지는 풍경이다. 산과 호수, 푸른 초원과 정원이 한데 어우러져 마치 한 폭의 동양화를 연상케 하는 초원의 야생화 뜰이다.

주요 나무와 야생화 MAJOR TREE & WILD FLOWER

낙상홍 여름, 6월, 붉은색
열매는 5mm 정도로 둥글고 붉게 익는데, 잎이 떨어진 다음에도 빨간 열매가 다닥다닥 붙어 있다.

노루오줌 여름~가을, 7~8월, 붉은색
높이 30~70cm로 뿌리줄기는 굵고 옆으로 짧게 뻗으며 줄기는 곧게 서고 갈색의 긴 털이 난다.

능수홍도 봄, 4~5월, 붉은색
가지가 늘어져 자라는 복숭아나무로 흰색·홍색으로 흐드러지게 피는 꽃이 관상 가치가 있다.

더덕 여름~가을, 8~9월, 녹색
화관(花冠)은 끝이 5개로 갈라져서 뒤로 말리며 겉은 연한 녹색이고 안쪽에는 자주색의 반점이 있다.

맥문동 여름, 6~8월, 자주색
꽃이 아름다운 지피류로 그늘진 음지에서 잘 자라 최근에 하부식재로 많이 사용하고 있다.

박태기나무 봄, 4월, 분홍색
잎보다 분홍색의 꽃이 먼저 피며 꽃봉오리 모양이 밥풀과 닮아 '밥티기'란 말에서 유래 되었다.

벌개미취 여름~가을, 6~9월, 자주색
뿌리에 달린 잎은 꽃이 필 때 진다. 꽃은 군락을 이루면 개화기도 길어 훌륭한 경관을 제공한다.

붉은인동 여름, 5~6월, 붉은색
줄기가 다른 물체를 감으면서 길이 5m까지 뻗는다. 늦게 난 잎은 상록인 상태로 겨울을 난다.

산수국 여름, 7~8월, 흰색·하늘색
낙엽관목으로 높이 약 1m이며 작은 가지에 털이 나고 꽃은 가지 끝에 산방꽃차례로 달린다.

산수유 봄, 3~4월, 노란색
봄을 여는 노란색 꽃은 잎보다 먼저 피는데 짧은 가지 끝에 산형꽃차례로 20~30개가 모인다.

살구나무 봄, 4월, 붉은색
꽃은 지난해 가지에 달리고 열매는 지름이 3cm로 털이 많고 황색 또는 황적색으로 익는다.

오죽 봄, 6~7월, 녹색
오죽(烏竹)은 까마귀의 검은 빛을 딴 검은 대나무를 말하며 아름다워서 관상용으로 많이 심는다.

자두나무 봄, 4월, 흰색
'오얏나무'라고도 하며 열매는 원형 또는 구형으로 자연생은 지름 2.2cm, 재배종은 7cm에 달한다.

조팝나무 봄, 4~5월, 흰색
높이 1.5~2m로 꽃핀 모양이 튀긴 좁쌀을 붙인 것처럼 보이므로 조팝나무(조밥나무)라고 한다.

좀작살나무 여름, 7~8월, 자주색
가지는 원줄기를 가운데 두고 양쪽으로 두 개씩 마주 보고 갈라져 작살 모양으로 보인다.

히어리 봄, 3~4월, 노란색
마을 사람들이 부르던 순수 우리 이름으로 개나리, 산수유 등과 함께 봄을 가장 먼저 알리는 나무이다.

조경도면 | Landscape Drawing

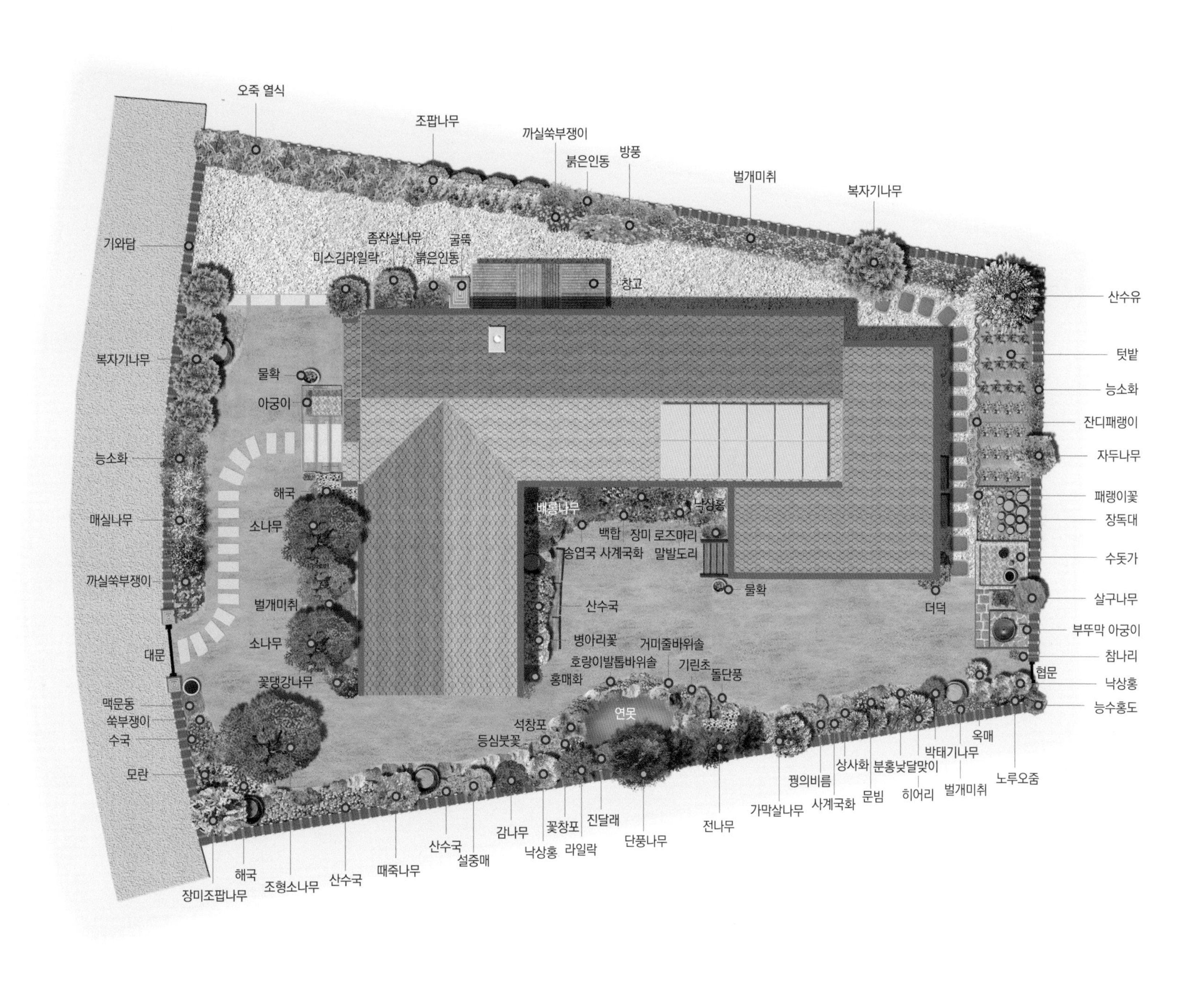

01

02

03

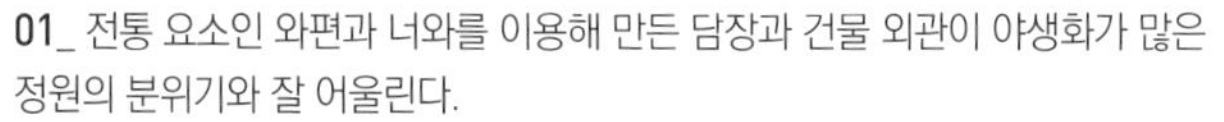

01_ 전통 요소인 와편과 너와를 이용해 만든 담장과 건물 외관이 야생화가 많은 정원의 분위기와 잘 어울린다.
02_ 기와를 얹은 담과 와편으로 마감한 외벽, 합각 문양 등 전통 요소를 많이 응용한 정원이다.
03_ 한옥의 요소들을 부분적으로 끌어들여 접목한 담과 대문, 조형소나무가 한데 어우러진 향토적 분위기가 배어나는 풍경이다.
04_ 자연석으로 만든 연못이 있고 조경석과 식물이 조화를 이룬 정원의 낮은 담장 너머로 사계절 자연의 경치를 감상할 수 있는 곳이다.
05_ 정원은 사람 손을 너무 타면 처음에는 예쁘지만 수수한 아름다움이 덜하여 어느 정도는 그냥 놔두는 것이 좋다는 게 주인의 정원 가꾸기 지론이다.
06_ 데크에 앉아 있노라면 하늘과 구름, 산과 호수, 초원과 정원이 그려진 살아 있는 한 폭의 동양화를 보는 듯하다.
07_ 햇빛이 잘 드는 건물 동쪽에 장독대와 채소밭을 만들어 작은 수확의 즐거움도 누리고 있다.

01

02

03

01_ 가운데 연못을 두고 양쪽으로 나지막하게 조성한 야생화 정원. 화려함보다는 수수한 아름다움이 있는 조경이다.
02_ 붉은인동이 자연스럽게 타고 오른 와편굴뚝과 장식용 항아리를 조화롭게 연출하여 향토적 정감이 느껴지는 측정의 모습이다.
03_ 소나무 밑에는 반음지 식물인 맥문동이 풍성하게 자라고, 소나무 옆으로는 꽃이 아름다운 꽃댕강나무가 자라고 있다.
04_ 조형소나무와 와편 외벽은 더없이 잘 어울리는 소재다. 한옥의 전통요소와 야생화를 사랑하는 주인의 취향을 읽을 수 있다.
05_ 대문에서 현관까지 유선형으로 이은 자연석 디딤돌이다.
06_ 야생화가 풍성한 주정원. 담장을 따라 길게 화단을 조성하고 경계선에 자연석을 놓아 자연미를 더했다.
07_ 담장 사이에 협문을 달아 자연의 푸른 초원과 연결하는 통로를 냈다. 담장만 있을 뿐 정원의 안과 밖은 자연 속에 하나로 녹아있다.
08_ 생명력이 강한 야생화는 한 번 심어 놓으면 해마다 스스로 싹을 틔우며 아름다운 꽃을 선물한다. 기와 담장에 기대어 활짝 핀 야생화들이 정겹다.

길게 뻗은 잔디밭과 잘 손질한 나무들, 자연석으로 포인트를 준 비정형의 화단이 눈길을 끄는 조경이다.

23 | 336 ㎡ / 102 py

일산 푸르메마을 C씨댁

고샅이 있는 숲속 정원

위 치	경기도 고양시 일산동구 성석동
대지면적	452㎡(137py)
조경면적	336㎡(102py)
조경설계·시공	건축주 직영

도로와 이어진 좁은 고샅을 지나야만 비로소 마당으로 들어설 수 있는 이 주택에는 숲을 배경삼아 조성한 아늑하고 아름다운 정원이 있다. 이곳의 고샅은 단지형 전원주택으로 주어진 필지의 형태와 건물의 향까지를 고려하여 진입 방향을 결정한 결과이다. 전원주택 단지에 자리 잡은 주택의 입지여건이 고샅은 길고 대문에서 정원까지의 길이 또한 ㄴ자로 꺾여 정원은 외부에 잘 드러나지 않는 곳에 자리하고 있다. 대문과 현관이 있는 입구는 집의 첫인상을 주는 만큼 밝은 분위기를 위해 소나무를 요점식재 하고 그 밑으로는 조경석을 놓고 주변에는 상록성의 낮은 교목과 밝은 꽃의 관목류를 중심으로 조성하였다. 주변의 숲을 배경으로 한 정원은 울타리를 낮게 둠으로써 시각적인 확장감을 내어 정원은 훨씬 더 넓게 보인다. 주변 자연경관이 아름다운 환경이라면 작은 관목류로 낮은 생울타리를 조성해 조망감을 높이고 차경을 적극적으로 끌어들여 자연의 혜택을 최대한 누릴 수 있는 디자인이 바람직하다. 넓게 트인 화단에 잎의 질감과 색이 다른 다양한 상록수와 낙엽수를 고루 식재해 주변의 숲과 함께 푸르름과 풍성함을 자랑하는 아름다운 정원이다.

주요 나무와 야생화 MAJOR TREE & WILD FLOWER

남천 여름, 6~7월, 흰색
과실은 구형이며 10월에 붉게 익는다. 단풍과 열매도 일품이어서 관상용으로 많이 심는다.

단풍나무 봄, 5월, 붉은색
10m 높이로 껍질은 옅은 회갈색이고 잎은 마주나고 손바닥 모양으로 5~7개로 깊게 갈라진다.

돌단풍 봄, 4~5월, 흰색
잎의 모양이 5~7개로 깊게 갈라진 단풍잎과 비슷하고 바위틈에서 자라 '돌단풍'이라고 한다.

바위취 봄, 5월, 흰색
햇빛이 없는 곳에서도 잘 자라며 돌계단, 축대 사이에 심으면 봄에 하얀 꽃을 볼 수 있다.

보리수나무 봄, 5~6월, 흰색
꽃은 처음에는 흰색이다가 연한 노란색으로 변하며 1~7개가 산형(傘形)꽃차례로 달린다.

비비추 여름, 7~8월, 보라색
꽃은 한쪽으로 치우쳐서 총상으로 달리며 화관은 끝이 6개로 갈래 조각이 약간 뒤로 젖혀진다.

사철나무 여름, 6~7월, 연한 황록색
전원주택의 생울타리는 나무가 너무 높게 자라면 관리가 어려우므로 1~1.2m 정도로 관리한다.

삼색조팝나무 여름, 6월, 분홍색
일본 원산으로 줄기는 모여 나고 높이 1m에 달하며 꽃은 새 가지 끝에 우산 모양으로 달린다.

소나무 봄, 5월, 노란색·자주색
열매는 길이 4.5cm, 지름 3cm이며 솔방울 조각은 70~100개로 익으면 날개 달린 씨가 나온다.

수국 여름, 6~7월, 자주색 등
중성화(中性花)인 꽃의 가지 끝에 달린 산방꽃차례는 둥근 공 모양이며 지름은 10~15cm이다.

수수꽃다리 봄, 4~5월, 자주색·흰색 등
한국 특산종으로 북부지방의 석회암 지대에서 자라며 향기가 짙은 꽃은 묵은 가지에서 자란다.

영산홍 봄, 4~5월, 홍자색·붉은색 등
반상록 관목으로 줄기는 높이 15~90cm이며 가지는 잘 갈라져 잔가지가 많고 갈색 털이 있다.

옥잠화 여름~가을, 8~9월, 흰색
꽃은 총상 모양이고 화관은 깔때기처럼 끝이 퍼진다. 저녁에 꽃이 피고 다음날 아침에 시든다.

주목 봄, 4월, 노란색·녹색
'붉은 나무'라는 뜻의 주목(朱木)은 나무의 속이 붉은색을 띠고 있어 붙여진 이름이다.

황매화 봄, 4~5월, 노란색
높이 2m 내외로 가지가 갈라지고 털이 없으며 꽃은 잎과 같이 잔가지 끝마다 노란색 꽃이 핀다.

회양목 봄, 4~5월, 노란색
높이는 5m로 석회암지대가 발달한 강원도 회양(淮陽)에서 많이 자랐기 때문에 회양목이라고 한다.

조경도면 | Landscape Drawing

01

02

03

04

05

01_ 조경석 주변에 주목, 화살나무, 수수꽃다리, 회양목을 배경 식물로 하고 철쭉류를 포인트로 심었다.
02_ 크고 낮은 자연석과 낮은 관목으로 조경을 꾸며 시야를 확보하였다.
03_ 건물 전면은 조경석을 중심으로 자연스럽게 연출한 정감있는 화단이 조성되어 있다.
04_ 따사로운 햇볕이 내리쬐는 마당은 무척이나 조용하고 한가롭다. 잔디마당은 아이들이 뛰어놀거나 가족, 친구들이 모여 바비큐 파티를 하기에 안성맞춤이다.
05_ 건물 측정에 데크가 있고 주정원으로 이어지는 길을 내었다.
06_ 주변의 숲을 배경으로 시각적인 확장감을 주어 정원은 실제보다 훨씬 넓게 보인다.
07_ 조경수와 화초류 식재를 위한 화단을 마운딩 처리하여 자연스러운 토층을 형성하고 가운데는 모두 잔디를 깔았다.
08_ 석등, 수석 등 첨경물을 곳곳에 배치하여 정원의 완성도를 높였다.

07

06

08

01_ 정원 가장자리에 야생화와 함께 발품을 팔아 수집한 물확을 첨경물로 배치하여 감상미를 더했다.
02_ 대문에서 좁고 긴 길을 지나야만 마당으로 들어설 수 있는 구조의 정원이다.
03_ 풍성한 관목과 화초들이 싱그러움을 뽐내는 매력있는 정원이다.

04_ 중간 크기의 바윗돌과 장독대 등이 꽃들과 어울려 조경에 풍성함을 더해준다.
05_ 성장도 느리고 키도 크지 않은 회양목으로 모양을 내어 시설물을 가렸다.
06_ 고샅 끝자락에 다다르자 대문간에 눈길을 끄는 화단이 있다.
07_ 건물 배면에 있는 현관에서 바라본 간결하게 꾸민 정원 모습이다.

소나무 수형을 제대로 완상하기 위해서는 나무 사이의 간격에 적당한 여백을 주어야 한다.

24 331 ㎡ 100 py

일산 정발산동 Y씨댁

개방감이 돋보이는 열린 정원

위치	경기도 고양시 일산동구 정발산동
대지면적	445㎡(135py)
조경면적	331㎡(100py)
조경설계·시공	건축주 직영

주택 전면에 나지막한 정발산이 위치하고, 대지면적도 두 필지로 전원마을 내의 주택 중 비교적 조경이 넓게 조성되어 여느 집과는 다른 시원한 개방감을 주는 정원이다. 한국 사람은 보통 자연에 잘 순응하는 마음이 강해 정원의 꾸밈새 또한 자연을 본떠 하는 경향이 있다. 이 주택의 건축주 또한 예외는 아니다. 정원을 자연스럽게 꾸미기 위해서 인공적인 요소보다는 자연적인 소재를 많이 이용하는 자연풍경식의 조경을 따랐다. 적절한 위치에 소나무와 자연석을 배치하여 식물이 자라감에 따라 한데 어우러지게 하고, 단조롭고 평평한 부지는 마운딩과 굴곡의 변화로 입체감을 줌으로써 좀 더 자연스러운 모양새로 정원의 깊은 멋을 표현하기 위해 노력했다. 소나무는 수형이 제대로 드러나도록 나무 사이의 간격을 충분히 확보하고, 키 큰 교목류는 피하고 소나무보다 수고가 낮은 몇몇 종류의 관목과 하부에서 잘 적응하는 키 낮은 야생화와 화초류를 정원에 고루 심었다. 마치 넓은 푸른 카펫을 깔아 놓은 듯 담장 너머로 들여다보이는 평화로운 정원 모습이 주택과 어우러지며 지나는 사람의 시선을 끌며 마음까지 즐겁게 해주는 정원이다.

주요 나무와 야생화 MAJOR TREE & WILD FLOWER

구절초 여름~가을, 9~11월, 흰색 등
9개의 마디가 있고 음력 9월 9일에 채취하면 약효가 가장 좋다는 데서 구절초라는 이름이 생겼다.

꽃잔디 봄~여름, 4~9월, 진분홍·보라·흰색
멀리서 보면 잔디 같지만, 아름다운 꽃이 피기 때문에 '꽃잔디'라고도 하며, '지면패랭이꽃'이라고도 한다.

남천 여름, 6~7월, 흰색
과실은 구형이며 10월에 붉게 익는다. 단풍과 열매도 일품이어서 관상용으로 많이 심는다.

돌단풍 봄, 4~5월, 흰색
잎의 모양이 5~7개로 깊게 갈라진 단풍잎과 비슷하고 바위틈에서 자라 '돌단풍'이라고 한다.

매발톱꽃 봄, 4~7월, 보라색·흰색 등
꽃이 보라색인 하늘매발톱, 연한 황색인 노랑매발톱, 흰색인 흰하늘매발톱, 적갈색 매발톱꽃도 있다.

무늬둥굴레 봄~여름, 5~7월, 흰색
높이는 30~60cm로 꽃은 줄기 밑 부분의 셋째부터 여덟째 잎 사이의 겨드랑이에 한두 개가 핀다.

배롱나무/백일홍/간지럼나무 여름, 7~9월, 붉은색 등
백일홍나무라고도 하며, 나무껍질을 손으로 긁으면 잎이 움직인다고 하여 간지럼나무라고도 한다.

비비추 여름, 7~8월, 보라색
꽃은 한쪽으로 치우쳐서 총상으로 달리며 화관은 끝이 6개로 갈래 조각이 약간 뒤로 젖혀진다.

사철나무 여름, 6~7월, 연한 황록색
겨우살이나무, 동청목(冬靑木)이라고 한다. 추위에 강하고 사계절 푸르러 생울타리로 심는다.

수국 여름, 6~7월, 자주색 등
중성화(中性花)인 꽃의 가지 끝에 달린 산방꽃차례는 둥근 공 모양이며 지름은 10~15cm이다.

작약 봄~여름, 5~6월, 붉은색·흰색
높이 60cm로 꽃은 지름 10cm 정도로 1개가 피는데 크고 탐스러워 '함박꽃'이라고도 한다.

앵초 봄, 6~7월, 붉은색
꽃은 잎 사이에서 나온 높이 15~40cm의 꽃줄기 끝에 산형꽃차례로 5~20개가 달린다.

조릿대 여름, 4월, 검자주색
높이 1~2m로 껍질은 2~3년간 떨어지지 않고 4년째 잎집 모양의 잎이 벗겨지면서 없어진다.

크리스마스로즈 겨울, 12~2월, 흰색
식물 전체에 독성이 있는 20~50cm 높이의 다년초로 긴 잎자루 끝에 6개의 소엽이 달린다.

회양목 봄, 4~5월, 노란색
높이는 5m로 석회암지대가 발달한 강원도 회양(淮陽)에서 많이 자랐기 때문에 회양목이라고 한다.

히어리 봄, 3~4월, 노란색
마을 사람들이 부르던 순수 우리 이름으로 개나리, 산수유 등과 함께 봄을 가장 먼저 알리는 나무이다.

조경도면 | Landscape Drawing

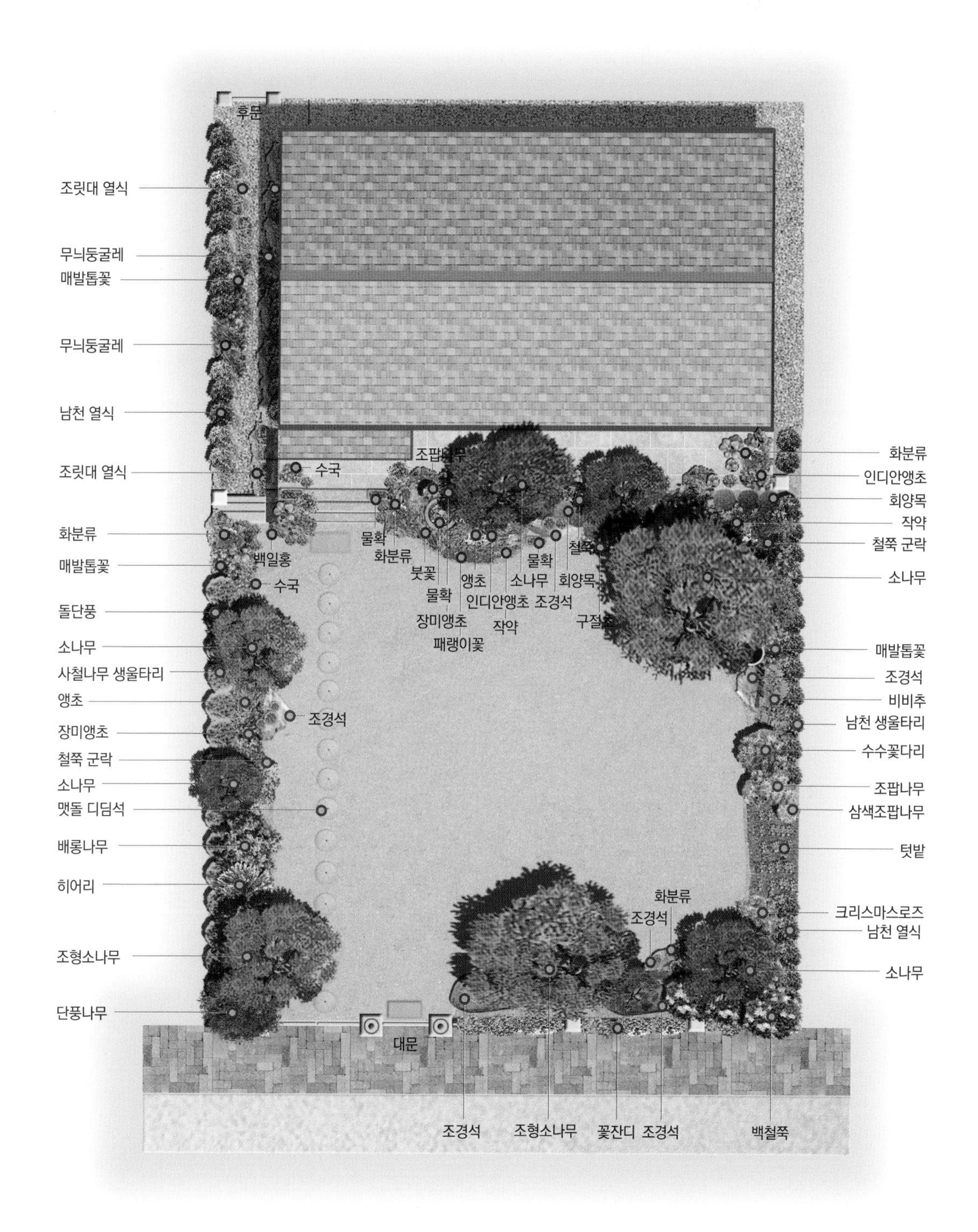

01

02

03

04

05

01_ 일산신도시 정발산 아래의 전원마을에 정성 들여 아름답게 가꾼 정원이다.
02_ 낮은 담장 너머로 들여다보이는 평화로운 정원이 주택과 어우러져 지나는 사람의 눈과 마음을 즐겁게 한다.
03_ 넓은 잔디밭에서 현관을 바라다본 모습으로 주변의 다양한 화분들이 주인의 손길을 기다리고 있다.
04_ 탁 트인 잔디마당과 주위를 둘러싼 다양한 교목류와 관목류, 야생화가 싱그럽게 아름다운 자태를 뽐낸다.
05_ 도시지역임에도 앞산이 활짝 열려있는 풍광 좋은 곳이다.

01

02

03

04

01_ 대문부터 현관 입구까지 동선을 안내하는 원형 맷돌을 깔았다.
02_ 수형이 멋스러운 조형소나무는 관상 가치가 있어 조경수로는 단연 으뜸이다.
03_ 후문으로 이어지는 그늘진 골목길에는 음지에서 잘 자라는 식물들을 심었다.
04_ 얼핏 봐도 주인의 지극한 정성과 애정이 가득한 싱그러운 정원이다.
05_ 건축주의 자연과 꽃을 사랑하는 마음이 집약된 공간이다. 정성으로 잘 가꾸어 놓은 분들은 현관 앞의 조용한 마중객이다.
06_ 물확, 플랜트박스, 다양한 화분에는 관목류와 화초류들이 자리 잡고 잘 자라고 있다.
07_ 화초류나 야생화를 적재적소에 고루 심어 단아하면서도 아기자기한 분위기를 조성했다.
08_ 나무 밑 자연석 위에 놓은 분들과 화단의 야생화들이 한데 어우러져 싱그러움을 자랑하고 있다.
09_ 소나무 하부는 남천과 철쭉을 배경으로 각종 야생화로 풍성하게 채워 색과 표정이 살아있는 정원이다.
10_ 정원 한쪽에는 싱싱한 채소를 직접 가꿔 먹는 쏠쏠한 재미를 느낄 만큼의 조그만 채소밭도 하나 마련하였다.

05
06
07
08
09
10

전원주택에 대한 로망이 있는 사람에게 꿈과 감동을 안겨주는 정원 풍경이다.
머릿속에 그리는 아름다운 정원이 있는 전원주택이다.

25 | 323 ㎡ 98 py

일산 푸르메마을 J씨댁

식물원을 연상케 하는 풍성한 정원

위 치 경기도 고양시 일산동구 성석동
대 지 면 적 452㎡(137py)
조 경 면 적 323㎡(98py)
조경설계·시공 건축주 직영

조경이 건축이나 인테리어와 다르다고 하는 이유는 살아있는 식물을 다루는 작업이기 때문이다. 조경은 생명이 없는 땅에 생명력을 불어넣어 아름다운 유기체로 탄생시킴으로써 집을 집답게 공간을 공간답게 완성해 가는 창작과정이다. 정원을 하나의 멋진 예술작품으로 완성하기 위해 고려해야 할 요소는 많다. 우선 정원의 밑그림이 될 평면 설계와 디자인이 잘 돼야 하고, 그 환경에 적합한 식물의 선택과 배치, 조화도 잘 이루어져야 감흥을 주는 멋진 작품이 탄생할 수 있다. 이 집 정원에는 유난히 많은 수종이 자라고 있어 마치 식물원에 들어선 듯한 풍성함이 특색이다. 조화롭지 못한 많은 종류의 수목은 자칫 시각적으로 혼잡하게만 느껴질 수 있음에도 불구하고 제각각의 식물들이 서로서로 절묘한 조화를 이루며 멋진 풍경을 그려낸다. 식물의 다양한 화기와 화색, 모양과 크기, 관목과 교목들이 빼곡한 가운데서도 서로 하모니를 이루며 아름다운 작품이 되어 감동을 준다. 잔디밭을 중심으로 가장자리를 따라 다양한 수목이 빈틈없이 들어앉은 풍성한 정원으로 꽃과 나무를 하나하나 관찰하는 즐거움과 함께 조경의 묘미를 한껏 느끼게 하는 정원이다.

주요 나무와 야생화 MAJOR TREE & WILD FLOWER

겹철쭉 봄, 4~5월, 연홍자색 등
진달랫과의 낙엽 관목으로 겹꽃이 피고 꽃잎 안쪽에 진홍색 반점이 있으며 꽃은 5~6㎝이다.

꽃사과 봄, 4~5월, 흰색 등
잎은 사과 잎보다 연한 녹색으로 광택이 나며 꽃은 한 눈에서 6~10개의 흰색·연홍색의 꽃이 핀다.

나무수국 여름, 7~8월, 흰색·붉은색
낙엽활엽관목으로 높이는 2~3m. 잎은 타원 모양으로 마주난다. 관상용으로 정원에 심는다.

댕강나무 봄, 5월, 흰색
엷은 홍색 꽃이 잎겨드랑이 또는 가지 끝에 두상으로 모여 한 꽃대에 3개씩 꽃이 달린다.

돌나물 봄~여름, 5~7월, 노란색
줄기는 옆으로 뻗으며 각 마디에서 뿌리가 나온다. 어린 줄기와 잎은 김치를 담가 먹는다.

돌단풍 봄, 4~5월, 흰색
잎의 모양이 5~7개로 깊게 갈라진 단풍잎과 비슷하고 바위틈에서 자라 '돌단풍'이라고 한다.

마가목 봄~여름, 5~7월, 흰색
꽃은 가지 끝에 겹산방꽃차례로 달리며 열매는 지름 5~6mm로 둥글고 10월에 붉게 익는다.

매화나무 봄, 2~4월, 홍색·흰색
만물이 추위에 떨고 있을 때, 꽃을 피워 봄을 먼저 알려주는 불의에 굴하지 않는 정신의 표상이다.

맥문동 여름, 6~8월, 자주색
꽃이 아름다운 지피류로 그늘진 음지에서 잘 자라 최근에 하부식재로 많이 사용하고 있다.

명자나무 봄, 4~5월, 붉은색
정원에 심기 알맞은 나무로 여름에 열리는 열매는 탐스럽고 아름다우며 향기가 좋다.

무늬둥굴레 봄~여름, 5~7월, 흰색
높이는 30~60cm로 꽃은 줄기 밑 부분의 셋째부터 여덟째 잎 사이의 겨드랑이에 한두 개가 핀다.

배롱나무/백일홍/간지럼나무 여름, 7~9월, 붉은색 등
백일홍나무라고도 하며, 나무껍질을 손으로 긁으면 잎이 움직인다고 하여 간지럼나무라고도 한다.

섬잣나무 봄, 5~6월, 노란색·연녹색
잎은 길이가 3.5~6cm인 침형(針形)으로 5개씩 모여 달려 오엽송(五葉松)이라고도 부른다.

아주가 봄, 5~6월, 보라색
꽃은 5~6월에 걸쳐 푸른 보라색으로 피며 꽃대 높이는 15~20cm이다. 잎이나 줄기에 털이 없다.

진달래 봄, 4~5월, 붉은색
진달래의 붉은색이 두견새가 밤새 울어 피를 토한 것이라는 전설 때문에 두견화라고도 한다.

큰꽃으아리/클레마티스 봄~여름, 5~6월, 흰색 등
꽃은 10~15cm로 흰색, 연한 자주색 등 다양하게 있고 가지 끝에 원추꽃차례로 1개씩 달린다.

조경도면 | Landscape Drawing

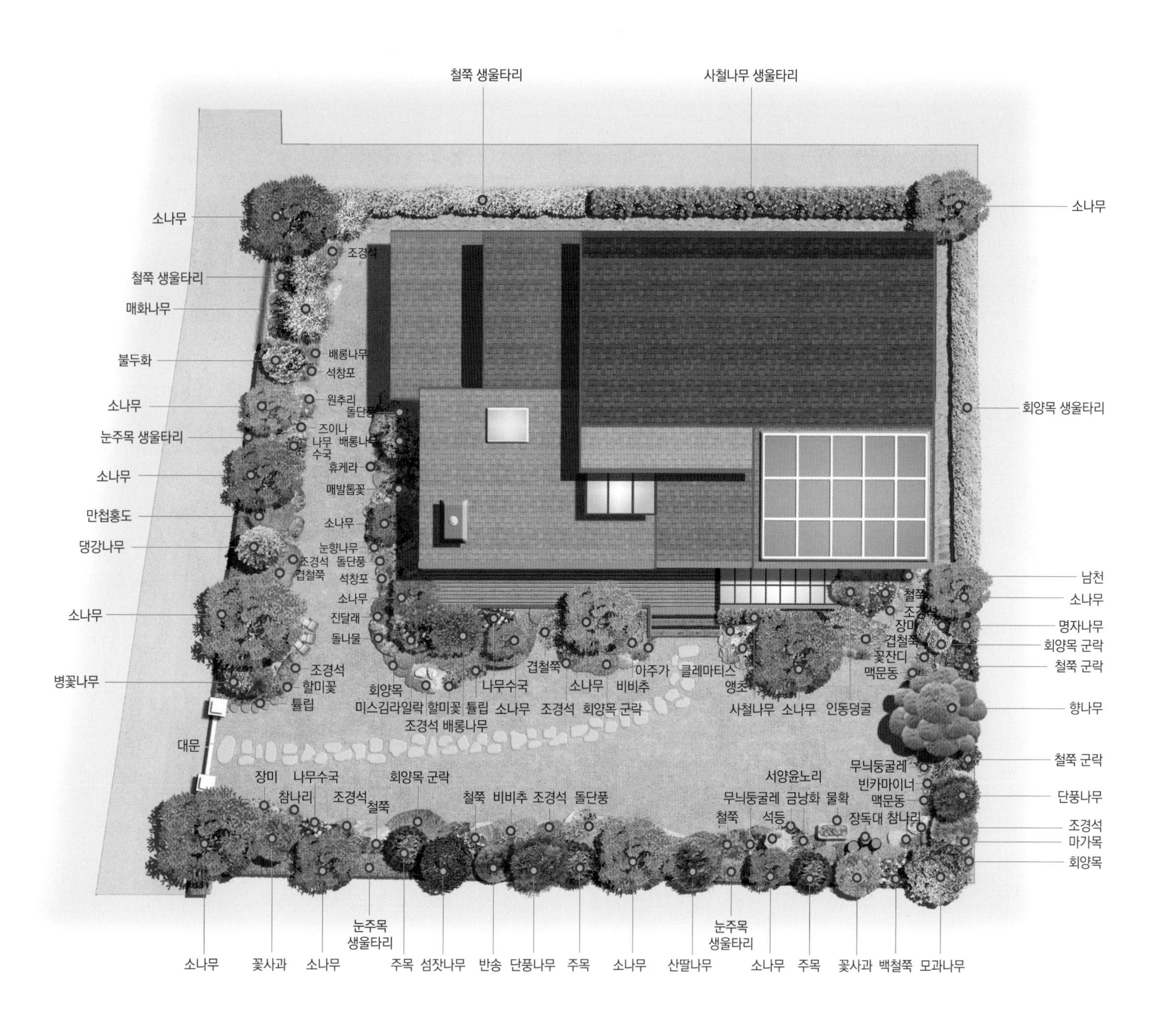

01

02

03

01_ 조경은 건물에 입히는 자연의 옷. 아름답고 싱그럽게 가꾼 조경 속에 묻힌 건물은 오랜 세월이 흘렀어도 여전히 멋진 옷을 입고 있어 단연 돋보인다.
02_ 다양한 수종의 교목과 관목, 자연석이 아름다운 조화를 이룬 데크 앞 화단이다.
03_ 화단이 내려다보이는 데크 한쪽에 만든 온실. 휴게공간으로 겨울철에는 식물을 보호하는 공간으로 사용한다.
04_ 화단마다 자연석을 놓아 경계를 자연스럽게 꾸미고 키 작은 다양한 관목들과 함께 미스김라일락을 포인트로 식재하였다.
05_ 나뭇잎 하나하나 꽃잎 하나하나 모두 주인의 정성으로 만든 멋진 교목과 관목들이 조화롭게 제각기 멋진 자태를 뽐낸다.
06_ 곳곳에 화사한 철쭉으로 그린 풍경 위에 포인트를 주었다.
07_ 대문이 보이는 정원의 모습. 눈길이 닿는 곳마다 정성이 안간 곳이 없는 완성도가 매우 높은 정원 풍경이다.

04

05

06

07

01_ 조경 소품도 때로는 멋진 풍경의 일면을 이룬다. 옛 추억을 떠올리게 하는 소나무 가지에 학교종을 걸어 운치를 더했다.
02_ 이웃집과 대지 사이에 심어 둥글게 정지한 키 큰 향나무와 단풍나무가 담을 대신했다.
03_ 담이 없는 아름다운 마을로 이웃집과 왕래할 수 있는 샛길이 열려 있다.
04_ 정교한 정지작업으로 가지마다 둥근 모양을 낸 향나무는 이웃의 시선을 어느 정도 가려주는 동시에 조형미를 함께 선보인다.
05_ 다양한 종류의 첨경물이 수목과 어우러지며 정원을 더욱 풍성하게 즐거움을 더한다.
06_ 싱그러운 다양한 수종의 수목들이 한눈에 들어오는 식물의 둥지 속 포근한 분위기의 휴식 공간이다.
07_ 오랜 세월과 함께 정원의 나무들도 풍성하게 자라 완숙미의 절정을 이룬 전원주택의 싱그럽고 운치 있는 정원이다.
08_ 집마다 낮은 교목과 관목이 담을 대신하는 전원마을이다. 빽빽하게 자란 도로변의 싱그러운 담이 전원주택의 외관을 더욱 빛내 준다.

03

04

05

06

07

08

Heidellberg
ADT

가로로 긴 장방형의 대지에 一자 형태의 건물을 배치하고, 같은 형태의 단아하고 간결한 조경을 완성하였다.

26

210 ㎡

64 py

파주 문발동 C씨댁

그리스풍 저택과 녹색의 하모니

위 치 경기도 파주시 문발동
대 지 면 적 346㎡(105py)
조 경 면 적 210㎡(64py)
조경설계·시공 건축주 직영

고대 그리스 건축양식의 웅장함과 중후한 이미지가 전체적인 멋을 주도하는 주택으로, 비교적 간결하게 잘 정돈된 형태의 정원을 갖추고 있다. 전체적인 집 분위기에 어울리는 정원은 마치 궁전 정원 같은 느낌을 주며 더불어 한 단계 상승한 듯한 그리스풍의 저택과 녹색의 정원 디자인이 조화를 이룬다. 건물 하부는 한옥에서 많이 쓰이는 전벽돌을 사용하여 주택에 안정감을 주면서 동시에 조경의 배경 이미지를 주도한다. 정원은 장소와 주어진 대지의 형태와 모양에 따라 많이 달라진다. 가능한 복잡성을 피하고 간결하지만 긴 형태의 대지 모양에 맞춘 디자인으로 정원의 여백미를 강조하였다. 화단은 조경에서 하나의 액세서리 역할이다. 정원의 전체적인 디자인, 수목과의 조화를 고려하면서 필요한 곳에 적절히 조성하여 정원에 아기자기함과 아름다운 색을 입힐 수 있다. 정원 내에 꾸미는 화단은 가능한 작고 아담한 크기로 하여 손이 덜 가고 관리가 쉽도록 조성하는 것이 좋다. 동서양의 건축문화 요소를 조경과 접목하여 하모니를 이룬 다소 이채로운 분위기와 멋이 느껴지는 조경이다.

주요 나무와 야생화 MAJOR TREE & WILD FLOWER

공작단풍/세열단풍 봄, 5월, 붉은색
잎이 7~11개로 갈라지고 갈라진 조각이 다시 갈라지며 잎은 가을에 아름다운 빛깔로 물든다.

국화 봄~가을, 5~10월, 노란색·흰색 등
다년초로 줄기 밑 부분이 목질화하며 잎은 어긋나고 깃꼴로 갈라진다.

능소화 여름, 7~9월, 주황색
가지에 흡착 근이 있어 벽에 붙어서 올라가고 깔때기처럼 큼직한 꽃은 가지 끝에 5~15개가 달린다.

말발도리 봄~여름, 5~6월, 흰색
열매가 말발굽 모양을 하고 있고 꽃잎과 꽃받침조각은 5개씩이고 수술은 10개이며 암술대는 3개이다.

매발톱꽃 봄, 4~7월, 자갈색 등
꽃잎 뒤쪽에 '꽃뿔'이라는 꿀주머니가 매의 발톱처럼 안으로 굽은 모양이어서 이름이 붙었다.

매화나무 봄, 2~4월, 흰색
잎보다 먼저 피는 꽃이 매화이고 열매는 식용으로 많은 쓰는 매실이다. 상용 또는 과수로 심는다.

모과나무 봄, 5월, 분홍색
울퉁불퉁하게 생긴 타원형 열매는 9월에 황색으로 익으며 향기가 좋으며 신맛이 강하다.

미스김라일락 봄, 4~5월, 진보라색
우리 수수꽃다리를 미국 식물 채집가가 북한산 백운대에서 종자를 가져가 개량하여 다시 수입하였다.

병꽃나무 봄, 5~6월, 노란색
우리나라에서만 자라는 특산 식물로 병 모양의 꽃이 노랗게 피었다가 점차 붉어지며 1~2개씩 달린다.

불두화 여름, 5~6월, 연초록색·흰색
꽃의 모양이 부처의 머리처럼 곱슬곱슬하고 4월 초파일을 전후해 꽃이 만발하므로 불두화라고 부른다.

소사나무 봄, 5월, 연한 녹황색
잎은 어긋나고, 달걀모양이며 길이 2~5cm로 작고 가장자리에 겹톱니가 있고 측맥은 10~12쌍이다.

송엽국 봄~여름, 4~6월, 자홍색 등
줄기는 밑 부분이 나무처럼 단단하고 옆으로 벋으면서 뿌리를 내리며 빠르게 번식한다.

수국 여름, 6~7월, 자주색 등
중성화(中性花)인 꽃의 가지 끝에 달린 산방꽃차례는 둥근 공 모양이며 지름은 10~15cm이다.

에메랄드그린 봄, 4~5월, 연녹색
침엽상록 교목으로 서양측백나무의 일종. 에메랄드골드와는 달리 잎은 늘 푸른 녹색을 띤다.

패랭이꽃 여름~가을, 6~8월, 붉은색
높이 30cm 내외로 꽃의 모양이 옛날 사람들이 쓰던 패랭이 모자와 비슷하여 지어진 이름이다.

홍단풍 봄, 4~5월, 붉은색
높이 7~13m로 나무 전체가 1년 내내 항상 붉게 물든 형태로 아름다워 관상수나 조경수로 심는다.

조경도면 | Landscape Drawing

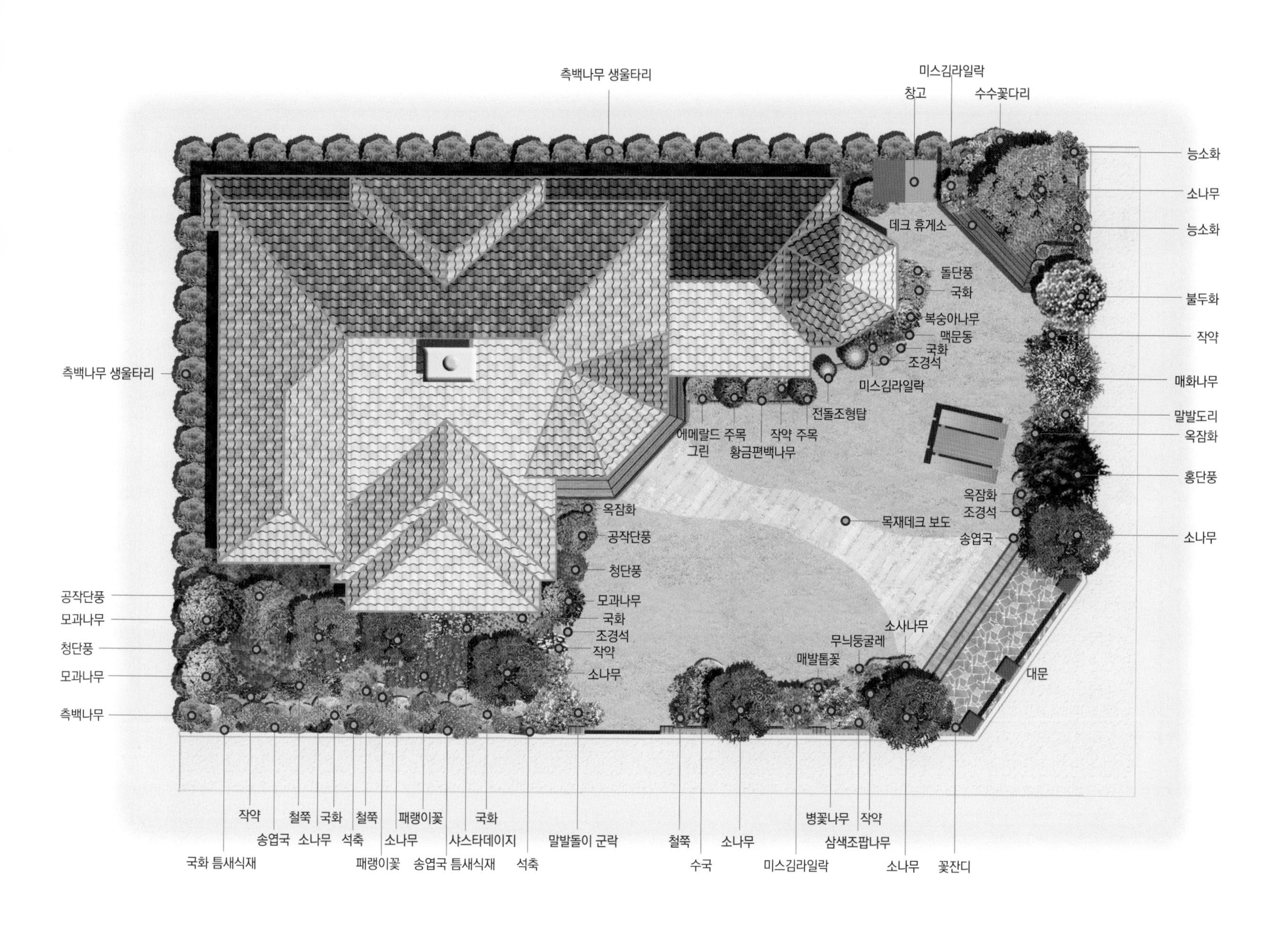

01

02

03

01_ 건물 하부의 전벽돌과 조경, 아이보리 톤의 상부가 어우러져 시각적인 안정감을 주는 주택과 조경이다.
02_ 주변의 화사한 조경과 어울린 주택의 모습이다.
03_ 전체적으로 낮은 담을 전벽돌로 둘러쌓아 전통적인 느낌의 중후한 멋이 있다.
04_ 건물 우측면으로 교목과 관목의 적절한 공간배치, 조형소나무가 눈길을 끈다.
05_ 현관 어프로치, 목재데크의 부드러운 곡선에서 조경의 디자인적 감각을 엿볼 수 있다.
06_ 전벽돌과 오지기와, 단조 장식, 이오니아 양식 기둥, 격자창 등 건축물의 여러 요소가 조경과 함께 어우러져 간결하면서도 절제된 자연미가 느껴진다.
07_ 대문 입구부터 현관까지 보도로 설치한 넓은 데크와 함께 전면이 시원스럽게 펼쳐진 개방된 형태의 정원이다.

01_ 곳곳에 데크를 만들어 좁은 공간에서 이용의 효율성을 높인 디자인이다.
02_ 화단을 마운딩하여 소나무와 낮은 관목을 조화롭게 배치하고 조경석을 놓아 절제된 느낌의 자연미를 연출했다.
03_ 여러 종류의 화초를 밀식하는 것보다는 단순한 느낌으로 식물의 생태 환경에 알맞게 식재하는 것이 효과적이다.
04_ 주차장 입구의 비어있는 공간으로 사간형의 소나무가 겸손하게 머리를 숙였다.

05_ 군락지어 탐스럽게 활짝 핀 흰색 말발도리가 대문의 무채색 전벽돌 기둥과 조화를 이루며 지나는 사람의 시선을 끈다.
06_ 이오니아 양식의 기둥과 담장 위로 살짝 내민 작약이 여성스러운 부드러움과 화려함을 보여준다.
07_ 소나무 사이로 낮은 관목들이 자리를 잡고 화사한 자태를 뽐내고 있다.
08_ 낮은 지대의 건조지에서 잘 자라는 패랭이꽃이 양지바른 곳에 무리 지어 피었다.

77
에스원
SECOM

모노톤의 현대주택과 푸른 조경을 배치하여 자칫 경직되 보일 수 있는 건물의 분위기를 자연스럽고 부드럽게 완화하였다.

27 | 207 m² / 63 py

파주 동패동주택

건물 이미지를 보완한 도심 속 정원

위 치	경기도 파주시 동패동
대 지 면 적	358㎡(108py)
조 경 면 적	207㎡(63py)
조경설계·시공	건축주 직영

금속재와 노출콘크리트로 마감한 도심 속 세련된 현대풍의 전원주택 정원이다. 건물 주변에 건강하게 잘 자란 조형소나무와 화초류를 조화롭게 심어 콘크리트 건물의 딱딱하고 차가운 이미지를 보완하였다. 현대 산업의 발달로 삭막해져 가는 삶의 환경은 사람들이 대자연의 품을 더욱더 그리워하게 만든다. 복잡한 도심 생활의 굴레에서 벗어나 자연과 가까이하고 싶은 욕구를 조금이나마 충족하기 위해 정원을 만들고 자연 재료를 이용하여 대자연의 멋을 그대로 내 집 뜰 안에 재현하여 친환경적인 주거환경을 갖추기 위해 끊임없이 노력한다. 이제 전원주택에서 정원은 선택사항이 아닌 필수사항으로 요구되고 있어 건축에서 소홀히 해서는 안 될 중요한 분야가 되었다. 이 주택의 정원은 도심 속 정원 중 하나의 좋은 사례이다. 마당 전체를 정원으로 조성하고 아기자기하게 꾸며 차가운 느낌의 건물에 자연의 따뜻함과 생동감을 불어넣어 편안한 생활공간을 구현하였다. 우리 일상의 활력소가 되는 정원의 아름다운 가치는 이제 하나의 차원 높은 예술작품으로 인정할 만큼 중요하게 작용하여 좀 더 쾌적한 삶의 환경을 이끌며 많은 사람에게 기쁨과 감동을 준다.

주요 나무와 야생화 MAJOR TREE & WILD FLOWER

남천 여름, 6~7월, 흰색
과실은 구형이며 10월에 붉게 익는다. 단풍과 열매도 일품이어서 관상용으로 많이 심는다.

눈주목 봄, 4월, 갈색·녹색
나비가 높이의 2배 정도로 퍼지고 둥근 컵처럼 생긴 붉은빛 가종피(假種皮) 안에 종자가 들어 있다.

단풍나무 봄, 5월, 붉은색
10m 높이로 껍질은 옅은 회갈색이고 잎은 마주나고 손바닥 모양으로 5~7개로 깊게 갈라진다.

무늬둥굴레 봄~여름, 5~7월, 흰색
높이는 30~60cm로 꽃은 줄기 밑 부분의 셋째부터 여덟째 잎 사이의 겨드랑이에 한두 개가 핀다.

미스김라일락 봄, 4~5월, 진보라색
우리 수수꽃다리를 미국 식물 채집가가 북한산 백운대에서 종자를 가져가 개량하여 다시 수입하였다.

반송 봄, 5월, 노란색·자주색
높이 2~5m로 잎은 2개씩 뭉쳐나며 줄기 밑 부분에서 많은 줄기가 갈라져 우산 모양이다.

분홍달맞이꽃 여름, 6~7월, 분홍색
달맞이꽃과는 반대로 낮에는 꽃을 피우고 저녁에는 시드는 꽃이다. 낮달맞이꽃이라고도 한다.

소나무 봄, 5월, 노란색·자주색
항상 푸른 솔의 나무로 바늘잎은 2개씩 뭉쳐나고 2년이 지나면 밑 부분의 바늘잎이 떨어진다.

앵두나무 봄, 4~5월, 흰색
앵도나무라고도 한다. 꽃은 흰색 또는 연한 붉은색이며 둥근 열매는 6월에 붉은색으로 익는다.

양달개비 봄~여름, 5~7월, 자주색
높이 50cm 정도며 줄기는 무더기로 자란다. 닭의장풀과 비슷하나 꽃 색이 진한 자주색이다.

오공국화 봄~여름, 4~9월, 노란색
다년초 원예종으로 높이는 20cm 정도로 자라고 개화기가 긴 특성이 있는 도입종 야생화이다.

옥잠화 여름~가을, 8~9월, 흰색
꽃은 총상 모양이고 화관은 깔때기처럼 끝이 퍼진다. 저녁에 꽃이 피고 다음 날 아침에 시든다.

작약 봄~여름, 5~6월, 붉은색·흰색
높이 60cm로 꽃은 지름 10cm 정도로 1개가 피는데 크고 탐스러워 '함박꽃'이라고도 한다.

팬지 봄, 2~5월, 노란색·자주색 등
2년초로 유럽에서 관상용으로 들여와 전국 각지에서 관상초로 심고 있는 귀화식물이다.

화살나무 봄, 5월, 녹색
많은 줄기에 많은 가지가 갈라지고 가지에는 화살의 날개 모양을 띤 코르크질이 2~4줄이 생겨난다.

회화나무 여름, 7~8월, 노란색
높이 25m로 가지가 퍼지고 작은 가지는 녹색이며 작은 잎은 7~17개씩이고 꽃은 원추꽃차례로 달린다.

조경도면 | Landscape Drawing

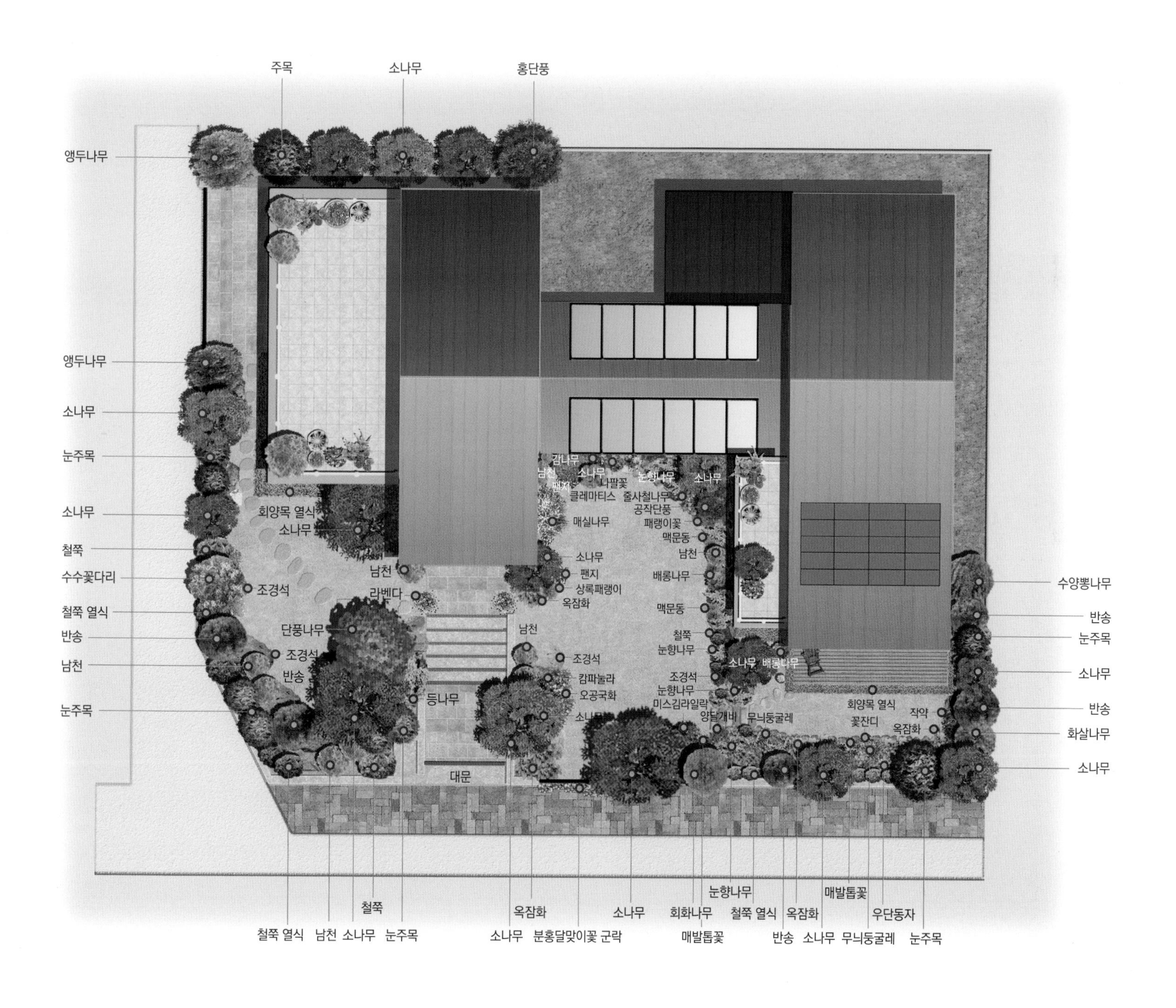

01_ 조경은 무채색 건물에 생명력을 불어넣고 이미지를 상승시켜 가치를 높여준다.
02_ 현관 출입구 계단과 2층 발코니에 화분을 배치하여 빈공간에 아름다움을 더했다.
03_ 남향의 ㅡ자형 배치로 진입과 앞마당의 조경공간을 최대한 확보하였다.
04_ 싱그러운 멋진 조형소나무들이 반겨주는 현관 주출입구이다.
05_ 소나무를 중심으로 만든 둔덕에 조경석을 놓고 다양한 초화류를 심어 자연스럽게 연출하였다.
06_ 잔디 마당을 넓게 조성하고 큰 나무를 중심으로 작은 화단들을 배치하여 화사한 꽃과의 하모니를 연출했다.
07_ 마당 한가운데는 여유로운 공간으로 개방감을 주고 가장자리를 따라 화단을 조성하고 갖가지 화초류로 정원에 색채감을 입혔다.

04

05

06

07

01

02

03

01_ 정원 한쪽 소나무 밑에 조성한 작은 암석원으로 감상의 깊이를 느낄 수 있는 부분이다.
02_ 돌계단 틈에서 화사한 얼굴을 내민 영산홍과 매발톱꽃은 보는 것만으로도 오르는 발걸음을 가볍게 해준다.
03_ 자연을 연출한 조경은 하나의 예술작품이다. 식물의 종류와 배치, 크기와 모양, 소재들의 어울림, 배색의 어울림 등 창조적인 작품을 만들어가는 사람들이 끊임없이 노력해야 하는 과제이다.
04_ 잔디마당에 나지막한 여닫이 출입문을 설치하여 필요하면 주차공간으로도 활용할 수 있게 했다.
05_ 돌계단 주변으로 다양한 관목과 야생화를 틈새식재하여 자연미를 더했다.
06_ 휴식공간인 낮은 데크 앞에 적당한 높이의 나무들을 심어 외부 시선을 일부 차단하는 효과를 냈다.
07_ 몽돌 모양의 현무암을 이용해 만든 화단의 경계석이다.
08_ 건물 측면에도 빈틈없이 낮은 교목과 관목을 식재하여 완성도 높인 조경이다.

04

05

06

07

08

자유로운 형태의 마운딩으로 입체감을 살린 화단과 곡선의 부드러운 디자인은 시각적, 정서적으로 편안함을 안겨준다.

28 | 201 ㎡ / 61 py

파주 문발동 S씨댁

다양한 수목과 꽃들의 아름다운 오케스트라

위　　치 경기도 파주시 문발동
대지면적 343㎡(104py)
조경면적 201㎡(61py)
조경설계·시공 건축주 직영

회색 톤의 대리석 마감으로 마치 중세시대 굳건한 성곽 같은 중후한 멋과 무게감이 느껴지는 주택이지만, 대문을 열면 마치 딴 세상에 들어선 듯 잘 가꾼 아름다운 정원이 눈을 매료시킨다. 정원 곳곳에는 수형을 자랑하는 다양하고 특이한 수종들이 식재되어 있고, 각종 관목류와 화초류의 하모니가 마치 정원의 오케스트라에 초대받은 듯 감상에 빠져들게 한다. 담벼락을 따라가며 조성한 자유로운 형태의 화단에는 수형이 멋스러운 수목, 특이한 종류의 야생화와 조경석이 조화를 이루며 정원을 아름답게 수놓는다. 화단 아래는 부드러운 경계선을 따라 현무암 판석으로 디딤돌을 깔고 가까이서 꽃을 감상하며 즐길 수 있도록 리드미컬한 동선으로 마감하였다. 조경은 마당이라는 한정된 공간에 자신이 좋아하는 식물로 창출해나가는 예술작품의 연속적인 활동무대다. 그러므로 시간이 지남에 따라 그 예술작품이 가치와 아름다움을 더해가며 어떤 모습으로 변해갈지는 오롯이 살아있는 생물체를 다루는 집주인의 애정 어린 손길과 정성만이 답이 될 것이다. 이곳은 다양하고 특이한 수종으로 자신의 개성과 취향을 연출하고 정성으로 가꾸며 작품의 완성도를 높여가는 매력적인 아름다운 정원이다.

주요 나무와 야생화 MAJOR TREE & WILD FLOWER

개나리 봄, 4월, 노란색
노란색의 개나리가 피기 시작하면 봄이 옴을 느끼게 된다. 정원용, 울타리용으로 많이 심는다.

단풍나무 봄, 5월, 붉은색
10m 높이로 껍질은 옅은 회갈색이고 잎은 마주나고 손바닥 모양으로 5~7개로 깊게 갈라진다.

모과나무 봄, 5월, 분홍색
울퉁불퉁하게 생긴 타원형 열매는 9월에 황색으로 익으며 향기가 좋으며 신맛이 강하다.

매발톱꽃 봄, 4~7월, 적갈색 등
적갈색 꽃이 피는데 꽃이 연한 황색인 노랑매발톱, 보라색인 하늘매발톱, 흰색인 흰하늘매발톱도 있다.

미스김라일락 봄, 4~5월, 진보라색
우리 수수꽃다리를 미국 식물 채집가가 북한산 백운대에서 종자를 가져가 개량하여 다시 수입하였다.

배롱나무/백일홍/간지럼나무 여름, 7~9월, 붉은색 등
100일 동안 꽃이 피어 '백일홍' 또는 나무껍질을 손으로 긁으면 잎이 움직인다고 하여 '간지럼나무'라고도 한다.

버베나 봄~가을, 5~10월, 적색·분홍색 등
주로 아메리카 원산으로 열대 또는 온대성 식물이다. 품종은 약 200여 종이 있다.

불두화 여름, 5~6월, 연초록색·흰색
꽃의 모양이 부처의 머리처럼 곱슬곱슬하고 4월 초파일을 전후해 꽃이 만발하므로 불두화라고 부른다.

붓꽃 봄~여름, 5~6월, 자주색 등
약간 습한 풀밭이나 건조한 곳에서 자란다. 꽃봉오리의 모습이 붓과 닮아서 '붓꽃'이라 한다.

수호초 봄, 4~5월, 흰색
상록 다년초로서 원줄기가 옆으로 뻗는다. 정원을 꾸밀 때 바닥에 까는 지피식물로 이용한다.

앵초 봄, 6~7월, 붉은색
꽃은 잎 사이에서 나온 높이 15~40cm의 꽃줄기 끝에 산형꽃차례로 5~20개가 달린다.

오공국화 봄~여름, 4~9월, 노란색
개화기가 긴 도입종 야생화로 번식력이 강해 정원 및 화단 등에 심어 풍성하게 키울 수 있다.

이메리스 봄, 4~5월, 흰색
'눈꽃'이란 이름답게 하얀 눈꽃이 핀 듯한 모습으로 상록으로 해가 갈수록 목질이 되어 멋진 수형이 된다.

모란 봄, 5월, 붉은색·흰색 등
목단(牧丹)이라고도 한다. 꽃은 지름 15cm 이상으로 크기가 커서 화왕으로 불리기도 한다.

해당화 봄, 5~7월, 붉은색
바닷가 모래땅에서 자란다. 높이 1~1.5m로 가지를 치며 갈색 가시가 빽빽이 나고 털이 있다.

황금조팝나무 여름, 6월, 연분홍색
낙엽 관목으로 키는 10cm 정도로 잎이 노란색이며 노지에서도 잘 살아 키우기가 쉽다.

N
W
E
S

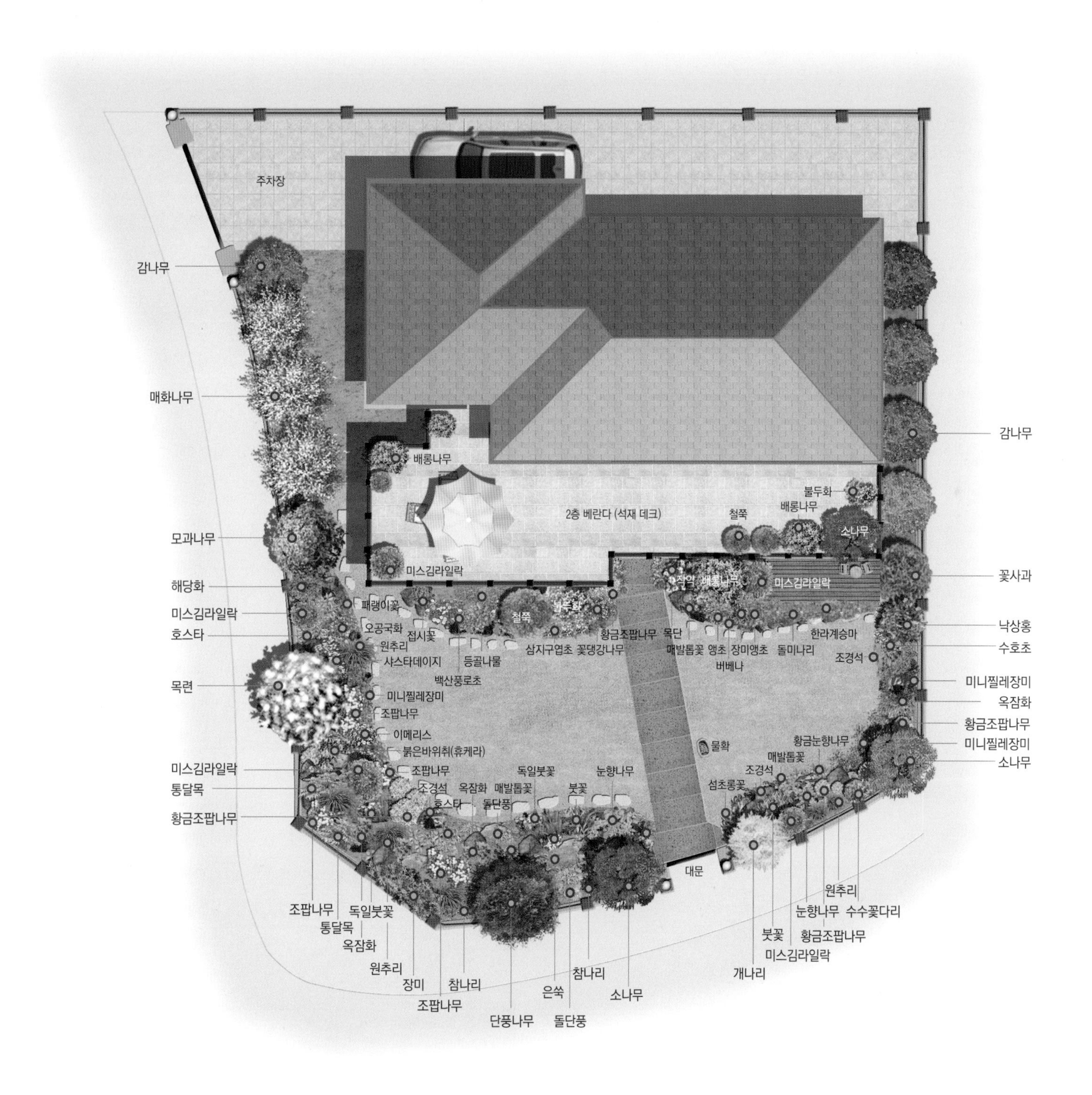
주차장
감나무
매화나무
배롱나무
모과나무
2층 베란다 (석재 데크)
미스김라일락
해당화
미스김라일락
호스타
목련
미스김라일락
통달목
황금조팝나무
패랭이꽃
오공국화
접시꽃
원추리
샤스타데이지
등골나물
백산풍로초
미니찔레장미
조팝나무
이메리스
붉은바위취(휴케라)
조팝나무
조경석
옥잠화
호스타
매발톱꽃
돌단풍
독일붓꽃
붓꽃
눈향나무
철쭉
삼지구엽초
꽃댕강나무
황금조팝나무
목단
매발톱꽃
앵초
장미앵초
버베나
돌미나리
한라계승마
조경석
철쭉
배롱나무
불두화
소나무
미스김라일락
감나무
꽃사과
낙상홍
수호초
미니찔레장미
옥잠화
황금조팝나무
미니찔레장미
소나무
물확
황금눈향나무
매발톱꽃
조경석
섬초롱꽃
대문
조팝나무
독일붓꽃
통달목
옥잠화
원추리
장미
참나리
조팝나무
단풍나무
은쑥
돌단풍
참나리
소나무
개나리
붓꽃
미스김라일락
황금조팝나무
눈향나무
원추리
수수꽃다리

01_ 짙은 회색 톤의 대리석 마감으로 성곽 같은 중후함과 안정감이 느껴지는 주택이다.
02_ 군더더기 없는 깔끔한 주택의 외관과 정원의 모습이 눈에 들어온다.
03_ 자유로운 형태의 마운딩으로 입체감을 살린 화단과 곡선의 부드러운 디자인은 시각적, 정서적인 편안함을 준다.

04_ 관상가치가 있는 조형소나무와 개나리를 대문의 좌우에 조화롭게 식재하여 서로 닮은 꼴로 수형을 가꾸었다.
05_ 사시사철 조형미와 푸르름을 안겨주며 정원의 관상가치를 높여주는 소나무, 물 빠짐을 고려하여 가장 높게 마운딩하고 주변에 갖가지 초화류를 심어 장식했다.
06_ 화단의 경계선을 따라 디딤돌을 놓아 가까이서 꽃을 보고 감상할 수 있다.
07_ 화단에는 꽃이 아름답고 키가 작은 관목과 개화 시기가 다른 다양한 화초류를 심어 계절따라 아름다운 꽃을 보는 재미가 쏠쏠하다.
08_ 거리를 두고 수형과 꽃이 아름다운 철쭉과 목련 등을 조화롭게 요점 식재하였다.

01_ 보는 것만으로도 행복감을 주는 아름다운 정원이다. 제각각 싱그러운 자태로 건강하게 자라는 식물에서 주인의 지극한 정성과 애정을 느낄 수 있다.
02_ 키가 큰 조형소나무를 중심으로 운치를 살려 실내에서도 경치를 완상할 수 있도록 수고가 낮은 관목류와 화초류를 적절하게 배치했다.
03_ 정원은 건물에 입히는 자연의 옷이다. 건물과 함께 아름다운 조화를 이루며 격조 있는 풍경을 그려내는 정원이다.
04_ 거실 창 앞으로 정원을 편안하게 바라보며 감상할 수 있는 제2의 거실인 데크를 만들었다.
05_ 원활한 배수와 화단의 흙을 보전하기 위해 가장자리를 조경석으로 마감하여 자연미를 더했다.
06_ 화단에서 계절마다 다양한 색상의 꽃이 피어나도록 작약, 꽃잔디, 톱풀 등을 혼합식재 하여 정원은 볼거리가 가득하다.
07_ 대문에서 현관까지 이어진 현무암 판석과 정원이 그림처럼 들어오는 현관 입구의 프레임이다.

04

05

06

07

부부가 협심하여 잔디 손질에 땀을 흘리고 계절마다 꽃단장으로
분위기를 바꿔가며 아름다운 정원 가꾸기는 여전히 현재 진행형이다.

29

194 ㎡
59 py

은평 한옥마을 H씨댁

취미생활의 행복감을 주는 우리 정원

위　　치 서울시 은평구 진관동
대 지 면 적 338㎡(102py)
조 경 면 적 194㎡(59py)
조경설계·시공 건축주 직영

마음에 그리던 정원을 만들고 소중히 가꾸며 즐거운 시간을 보내고 있다. 2년 전 이곳 단독주택지에 터를 잡고 정원을 조성하며 마음 설레던 순간이 바로 엊그제 같다. 처음 입주 시에는 우리 품을 들이지 않고 조경회사가 공들여 꾸며놓은 정원이었는데 정말 마음에 들었다. 처음 계획은 마당을 크게 만들고 주택은 최소한으로 줄이려 했던 터라 생각보다 크게 느껴졌던 데크 때문에 왜 그리 속이 상했던지. 하지만, 주택 생활 2년 동안 잔디 손질에 비지땀을 흘리는 남편과 계절마다 정원 꽃단장에 힘들었던 시간을 생각하면, 오히려 이 정도 크기의 정원이 다행스럽게까지 느껴진다. 그런데도 정원에서 얻는 행복감은 크다. 계절마다 정원을 가꾸는 동네 지인들과 만나 다음 계절엔 무슨 꽃을 심고 정원을 어떻게 가꿀까 의논하며 함께 꽃을 사러 돌아다니는 순간은 정말 행복하다. 봄철에는 꽃을 볼 수 있고, 가을에는 열매를 감상하면서 식용으로 쓰는 각종 유실수를 심어 수확의 기쁨도 누릴 수 있게 됐다. 정성 들인 대로 계절 따라 피고 지는 아름다운 꽃을 보고 과실을 따는 즐거움이야말로 정원에서만 느낄 수 있는 또 하나의 큰 행복이다.

주요 나무와 야생화 MAJOR TREE & WILD FLOWER

공작단풍/세열단풍 봄, 5월, 붉은색
잎이 7~11개로 갈라지고 갈라진 조각이 다시 갈라지며 잎은 가을에 아름다운 빛깔로 물든다.

능수홍도 봄, 4~5월, 붉은색
가지가 늘어져 자라는 복숭아나무로 흰색·홍색으로 흐드러지게 피는 꽃이 관상 가치가 있다.

대추나무 여름, 6~7월, 황록색
높이 7~8m로 열매는 길이 2~3cm로 타원형의 핵과로 9~10월에 녹색이나 적갈색으로 익는다.

마거리트 여름~가을, 7~10월, 흰색 등
다년초로 높이는 1m 정도이고, 쑥갓과 비슷하지만, 목질이 있으므로 '나무쑥갓'이라고 부른다.

매화나무 봄, 2~4월, 흰색
꽃은 잎보다 먼저 피고 연한 붉은색을 띤 흰빛이며 향기가 나고, 열매는 공 모양의 녹색이다.

블루베리 봄, 4~6월, 흰색
열매는 비타민C와 철(Fe)이 풍부하다. 산성이 강하고 물이 잘 빠지면서도 촉촉한 흙에서만 자란다.

사과나무 봄, 4~5월, 흰색
열매는 꽃받침이 자라서 되고 8~9월에 붉은색으로 익는데 황백색 껍질눈이 흩어져 있다.

아스타 여름~가을, 7~10월, 푸른색 등
이름은 '별'을 의미하는 고대 그리스 단어에서 유래했다. 꽃차례 모양이 별을 연상시켜서 붙은 이름이다.

에메랄드골드 봄, 4~5월, 노란색
서양측백의 일종으로 황금색의 잎과 가지가 조밀하고 원추형의 수형이 아름다운 수종이다.

에메랄드그린 봄, 4~5월, 연녹색
침엽상록 교목으로 서양측백나무의 일종. 에메랄드골드와는 달리 잎은 늘 푸른 녹색을 띤다.

이팝나무 봄, 5~6월, 흰색
조선시대에 쌀밥을 이밥이라 했는데 쌀밥처럼 보여 이밥나무라 불리다가 이팝나무로 변했다.

자두나무 봄, 4월, 흰색
'오얏나무'라고도 하며 열매는 원형 또는 구형으로 자연생은 지름 2.2cm, 재배종은 7cm에 달한다.

자목련 봄, 4월, 자주색
꽃은 잎보다 먼저 피고 꽃잎은 6개로 꽃잎의 겉은 짙은 자주색이며 안쪽은 연한 자주색이다.

장미 봄, 5~9월, 붉은색 등
장미는 지금까지 2만 5,000종이 개발되었고 품종에 따라 형태, 모양, 색이 매우 다양하다.

철쭉 봄, 4~5월, 흰색 등
진달래와 달리, 철쭉은 독성이 있어 먹을 수 없는 '개꽃'으로 영산홍, 자산홍, 백철쭉이 있다.

회화나무 여름, 7~8월, 노란색
높이 25m로 가지가 퍼지고 작은 가지는 녹색이며 작은 잎은 7~17개씩이고 꽃은 원추꽃차례로 달린다.

조경도면 | Landscape Drawing

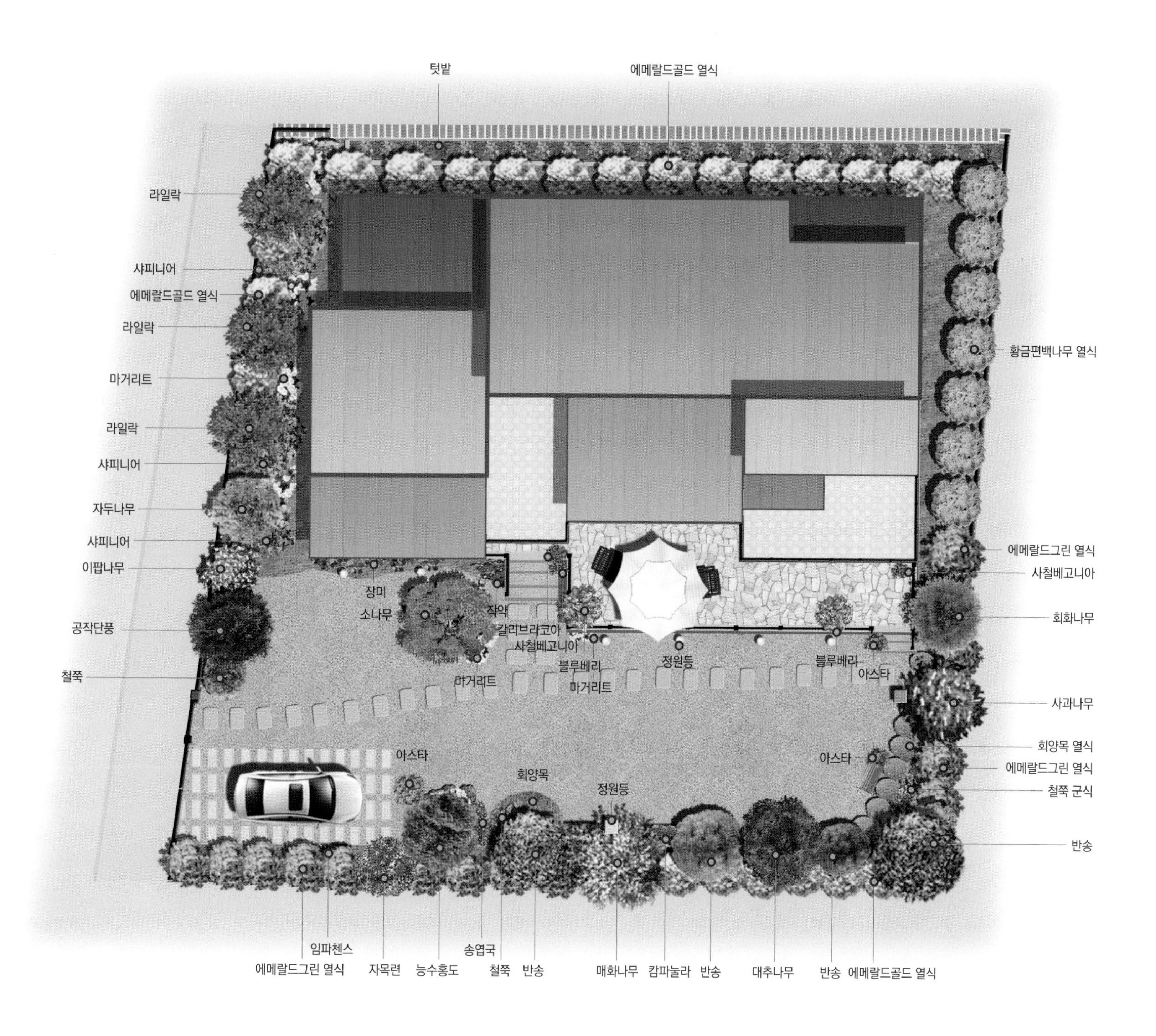

01_ 모노톤의 케뮤(KMEW)세라믹으로 마감한 외벽과 외쪽지붕의 모던주택에 조성한 단아한 조경이다.
02_ 주택 측면과 배면에 담장을 따라 에메랄드골드와 수수꽃다리를 열식하여 주택에 싱그러움을 더했다.
03_ 현대적 감각의 건물과 정원의 주제목인 소나무가 어우러진 정원의 전경이다.

04_ 계획보다 크게 나와 실망을 주었던 데크는 시간이 지남에 따라 활용도와 중요성이 커지면서 집의 중심 공간이 되어 오히려 다행이었다.
05_ 정원의 외곽선을 따라 각종 유실수를 심어 꽃도 보고 수확의 기쁨도 누리고 있다.
06_ 2년 동안 열심히 공들인 덕에 정원은 어느새 어엿하게 자리 잡아 안정감을 보인다.
07_ 현관 입구의 공간을 장식하고 있는 칼리브라코아와 장미베고니아가 그린 정원을 화사함으로 보완한다.

01_ 넓게 자리 잡은 석재데크는 정원 감상을 위한 최적의 자리이다.
02_ 정원의 외곽선을 따라 에메랄드골드를 열식하고 그 앞쪽에 간격을 두고 각종 유실수와 교목을 심어 전체적인 조화를 이루었다.
03_ 2층에서 내려다본 정원의 모습으로 적절한 공간 디자인이 짜임새가 있다.
04_ 내구성이 강하고 관리가 편리한 건물 앞의 넓은 석재데크와 정원이다.
05_ 주차장 앞 컨테이너 화분에 심은 남천으로 가을 분위기는 한층 더 고조되었다.
06_ 부지런한 안주인에게는 배면의 자투리 땅도 가족을 위한 소중한 채소밭이 된다.
07_ 정원을 꾸미는 조그만 소품 하나에서도 안주인의 정원 가꾸기에 대한 노력과 정성이 느껴진다.
08_ 마운딩한 소나무 둘레에도 향설초, 마거리트 등 화초류와 앙증맞은 소품을 놓아 장식 꾸몄다.

04

05

06

07

08

작지만 구성있는 디자인으로 아담하고 아기자기하게 꾸민 나만의 명품정원이다.

30 | 186 ㎡ / 56 py

은평 한옥마을 K씨댁

직접 디자인하고 완성한 나만의 정원

위　　치 서울시 은평구 진관동
대 지 면 적 322㎡(97py)
조 경 면 적 186㎡(56py)
조경설계·시공 건축주 직영

시작이 반이란 말이 있다. 건축주 역시 이런 생각으로 정원 만들기에 도전하여 전문가 못지않은 감각을 발휘하며 나만의 아담한 정원을 만들어 가꾸고 있다. 늘 일상을 바쁘게 살아가는 건축주지만 사람과 자연이 공존하는 삶의 터전을 그려왔던 터라 집을 짓고 정원을 만드는 일은 그동안 추구해왔던 생각을 실천에 옮길 좋은 기회였다. 정원을 직접 디자인하고 나무와 꽃을 직접 골라 배치하고 심는 과정이 만만치는 않았지만, 평소에 무언가 만들기를 좋아하는 성격에 하나하나 결정하며 완성해 가는 과정은 매우 흥미롭고 새로운 경험이었다. 밝은색의 깔끔한 현대적 분위기의 주택에 맞게 외관을 많이 가리지 않으면서 돋보이도록 몇몇 그루의 소나무를 주제목으로 균형감 있게 요점식재 하고, 나머지는 키가 작은 관목과 야생화로 조화롭게 채워 단아한 분위기를 연출했다. 정원수는 미래에 펼쳐질 그림을 상상하면서 어린나무를 소량으로 단순화하고 인접한 이웃과의 조화도 고려했다. 전원주택에서 정원은 가족의 삶을 좀 더 윤택하게 해주는 빼놓을 수 없는 중요한 공간이다. 노력과 정성이란 큰 의미가 더해져야만 진정으로 아름다운 정원, 즐거운 전원생활이 될 수 있을 것이다.

주요 나무와 야생화 MAJOR TREE & WILD FLOWER

꽃창포 여름, 6~7월, 자주색
높이가 60~120cm로 줄기는 곧게 서고 줄기나 가지 끝에 붉은빛이 강한 자주색의 꽃이 핀다.

단풍나무 봄, 5월, 붉은색
10m 높이로 껍질은 옅은 회갈색이고 잎은 마주나고 손바닥 모양으로 5~7개로 깊게 갈라진다.

도라지 여름~가을, 7~8월, 보라색·흰색
도라지의 주요 성분은 사포닌으로 봄·가을에 뿌리를 채취하여 날것으로 먹거나 나물로 먹는다.

독일붓꽃 봄~여름, 5~6월, 보라색 등
유럽 원산의 여러해살이식물로 한국에 자생하는 붓꽃속 식물과 비교하면 꽃이 큰 편이다.

마거리트 여름~가을, 7~10월, 흰색 등
다년초로 높이는 1m 정도이고, 쑥갓과 비슷하지만, 목질이 있으므로 '나무쑥갓'이라고 부른다.

작약 봄~여름, 5~6월, 붉은색·흰색
높이 60cm로 꽃은 지름 10cm 정도로 1개가 피는데 크고 탐스러워 '함박꽃'이라고도 한다.

물싸리 여름, 6~8월, 노란색
개화 기간이 길다. 정원의 생울타리, 경계식재용으로 또는 암석정원에 관상수로 심어 가꾼다.

백합 봄~여름, 5~7월, 흰색·노란색 등
원예종까지 합쳐 1천여 종이 넘는다. 근경의 비늘 조각이 100개나 된다는 데서 백합(百合)이라고 한다.

부처꽃 여름, 7~8월, 홍자색
냇가, 초원 등의 습지에서 자라고 높이 1m 정도로서 곧게 자라며 가지가 많이 갈라진다.

블루베리 봄, 4~6월, 흰색
잎살이 달걀꼴이며 여름부터 가을까지 진한 흑청색, 남색, 적갈색, 빨간색의 공 모양의 열매가 익는다.

사사 여름, 5~7월, 녹색
15~20cm 크기로 상록성으로 잎이 아름답고 군식의 효과가 뛰어나 조경용으로 많이 이용한다.

옥잠화 여름~가을, 8~9월, 흰색
꽃은 총상 모양이고 화관은 깔때기처럼 끝이 퍼진다. 저녁에 꽃이 피고 다음 날 아침에 시든다.

큰꽃으아리/클레마티스 봄~여름, 5~6월, 흰색 등
꽃은 10~15cm로 흰색, 연한 자주색 등 다양하게 있고 가지 끝에 원추꽃차례로 1개씩 달린다.

할미꽃 봄, 4~5월, 자주색
흰 털로 덮인 열매의 덩어리가 할머니의 하얀 머리카락같이 보여서 '할미꽃'이라는 이름이 붙었다.

화이트핑크셀릭스 봄, 5~7월, 분홍색
우리말로 표현하면 흰색·분홍색 버드나무란 뜻으로 꽃이 아니며 잎이 계절별로 변하는 수종이다.

황금조팝나무 여름, 6월, 연분홍색
낙엽 관목으로 키는 10cm 정도로 잎이 노란색이며 노지에서도 잘 살아 키우기가 용이하다.

조경도면 | Landscape Drawing

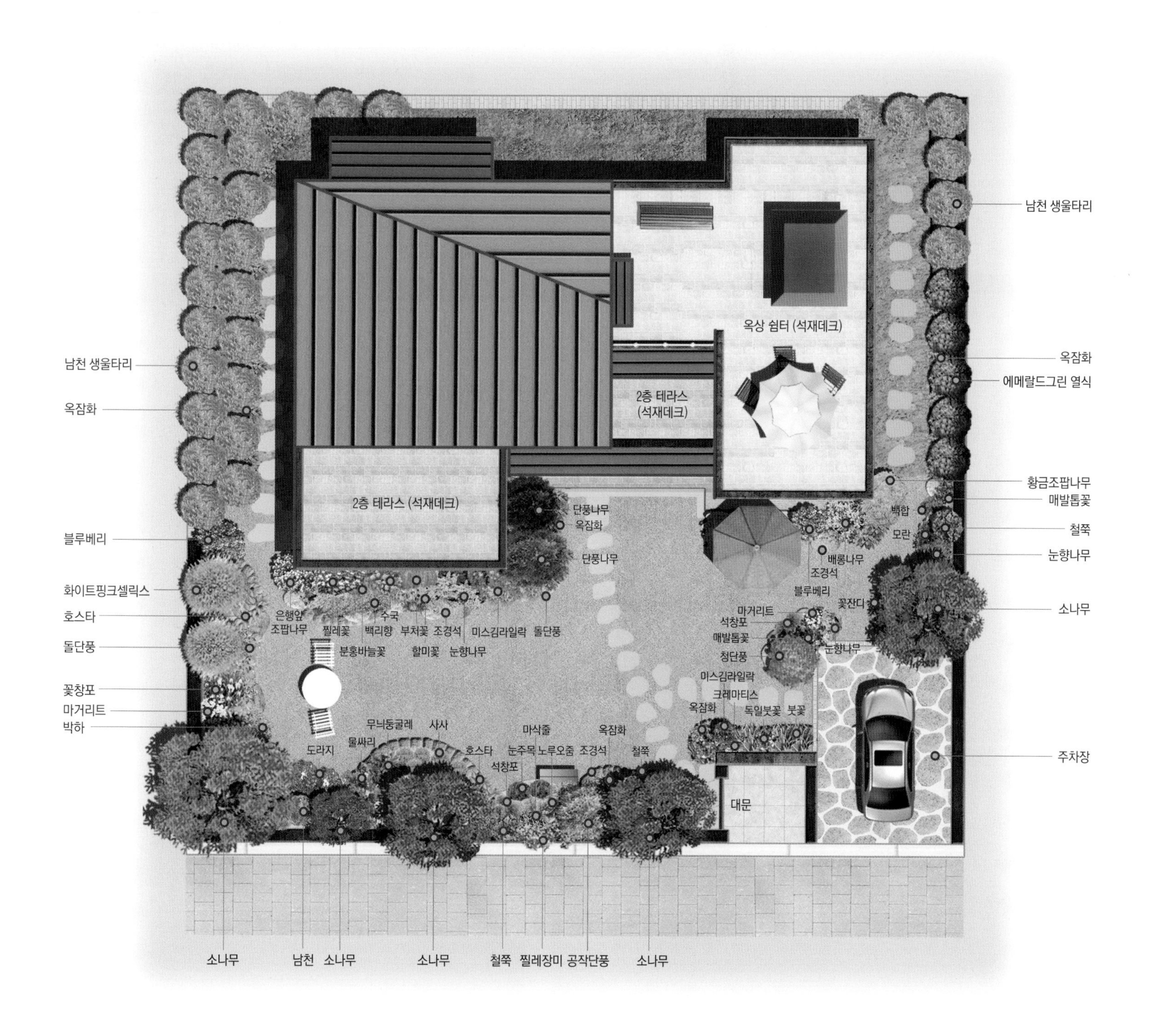

01

02

01, 02_ 북한산을 배경으로 깔끔한 외관의 주택과 정원수가 서로 어우러져 돋보이는 집으로 오가는 행인들의 눈길을 끈다.
03_ 곳곳에 작은 화단을 균형감 있게 배치하고 화단마다 꽃의 테마를 정해 심어놓으니 더욱 도드라져 보이는 효과가 있다.
04_ 남다른 감각으로 요소요소에 적절한 수목와 첨경물을 배치하여 아기자기하고 조화로운 모습을 연출했다.
05_ 철제 화분대에 계절마다 다양한 분(盆)을 모아 보기 좋은 곳에 배치하는 것도 정원가꾸기의 좋은 아이디어다.
06_ 현관 옆 데드스페이스에 붉은색의 홍단풍을 요점식재 하여 배경이 되는 밝은 벽체와 함께 강렬한 멋을 표현했다.
07_ 홍단풍은 나무 전체가 일 년 내내 붉은 상태로 아름다워 관상수나 조경수로 선호하는 수종이다.

03

04

05

06

07

01_ 바닥과 화단 경계를 진한 현무암으로 통일감 있게 디자인하여 식물들이 더욱 돋보인다.
02_ 격자 모양의 흰 담벼락과 화단, 식물들의 구성에서 정원꾸미기의 뛰어난 감각을 엿볼 수 있다.
03_ 수목들이 커가는 모습을 보는 것 또한 정원을 가꾸는 즐거움이다. 미래를 생각하며 키가 작은 어린나무들을 곳곳에 식재했다.
04_ 효율적인 공간디자인으로 정원과 바로 연결된 주차장이다.
05_ 대문은 꺾인 협문 형태로 설치하여 현관으로 직접 닿는 시선을 차단하였다.
06_ 격자문양의 담장 사이로 덩굴장미가 환한 얼굴을 내밀어 오가는 행인들의 시선을 끈다.
07_ 이웃과의 경계선에는 교목보다는 키 작은 관목과 야생화를 심어 소담스럽게 꾸몄다.
08_ 좀새풀 종류는 초원 분위기의 자연주의식 정원을 연출하기 위한 소재로 쓰이기도 한다. 무리 지어 심으면 색다른 은은한 멋을 감상할 수 있다.

05

06

07

08

GARDEN

단풍나무의 녹음수와 교목으로 둘러싸여
마치 자연 속에 있는 듯한 편안한 분위기의 정원이다.

31 124 m² / 37 py

일산 정발산동 C씨댁

동화 속 그림같은 화초류 정원

위　　　치 경기도 고양시 일산동구 정발산동
대 지 면 적 231㎡(70py)
조 경 면 적 124㎡(37py)
조경설계·시공 건축주 직영

아름다운 정원을 만들기 위해서 어떤 종류의 나무와 식물을 어디에 식재하느냐는 매우 중요한 고려사항이다. 다양한 원예식물에 대한 정확한 지식을 갖고 적재적소에 알맞은 식물을 조화롭게 배치하는 것은 아름다운 정원을 완성해가는 키포인트가 될 수 있다. 정원이나 화단에 원예식물을 심는 목적은 결국 아름다운 꽃을 보기 위함이다. 따라서 정원용 원예식물의 개화기를 정확하게 파악하여 계절별로 예쁜 꽃을 볼 수 있으면 더욱 좋다. 특히 화색의 조화를 고려하여 자연스러운 색감과 아름다움이 서로 어울려 상생하는 효과를 거둘 수 있도록 하는 것이 좋다. 이 집의 정원은 한정된 면적을 최대한 활용할 방안으로 왼쪽은 실내와 연결한 테라스형 데크, 가운데는 잔디밭을 조성하고 펜스 쪽의 외곽선을 따라 교목과 관목을 배치했다. 화초류의 정원이라 할 정도로 계절에 앞서 빨강, 주황, 노랑 등 생동감 넘치는 난색의 화초류를 고루 심어 화사한 이미지로 가꾸었다. 정원 곳곳을 장식한 여러 가지 재미있고 아기자기한 인형 소품과 화분들이 꽃 속에서 마치 아름다운 축제 한마당의 주인공처럼 오가는 이를 반기며 동화 속의 정원 이야기를 들려줄 듯 밝은 표정이다.

주요 나무와 야생화 MAJOR TREE & WILD FLOWER

개나리쟈스민 가을~봄, 11~3월, 노란색

북중미 원산이며 덩굴성식물로 줄기는 가늘지만 쭉쭉 올라가는 형태이고 화관은 통꽃이다.

공작단풍/세열단풍 봄, 5월, 붉은색

잎이 7~11개로 갈라지고 갈라진 조각이 다시 갈라지며 잎은 가을에 아름다운 빛깔로 물든다.

꽃잔디 봄~여름, 4~9월, 진분홍·보라·흰색

멀리서 보면 잔디 같지만, 아름다운 꽃이 피기 때문에 '꽃잔디'라고도 하며, '지면패랭이꽃'이라고도 한다.

남산제비꽃 봄, 4~5월, 흰색

잎이 3개로 갈라지고 옆쪽 잎이 다시 2개씩 갈라져 5개로 보이고 안쪽에 자주색 줄무늬가 있다.

남천 여름, 6~7월, 흰색

과실은 구형이며 10월에 붉게 익는다. 단풍과 열매도 일품이어서 관상용으로 많이 심는다.

낮달맞이 봄~여름, 5~9월, 분홍색

남미 칠레가 원산이며 키는 20~80cm로 달맞이와 달리 낮에 꽃이 피어서 낮달맞이라고 한다.

디모르포세카 여름~가을, 6~9월, 보라색·흰색 등

남아프리카 원산으로 국화과 식물이고 꽃이 힘찬 느낌이 있어서 꽃말이 원기, 회복이라고 한다.

바위취 봄, 5월, 흰색

햇빛이 없는 곳에서도 잘 자라며 돌계단, 축대 사이에 심으면 봄에 하얀 꽃을 볼 수 있다.

배롱나무/백일홍/간지럼나무 여름, 7~9월, 붉은색 등

100일 동안 꽃이 피어 '백일홍' 또는 나무껍질을 손으로 긁으면 잎이 움직인다고 하여 '간지럼나무'라고도 한다.

백일홍 여름~가을, 6~10월, 붉은색 등

꽃이 잘 시들지 않고 100일 이상 오랫동안 피어 유지되므로 '백일홍(百日紅)'이라고 부른다.

백합 봄~여름, 5~7월, 흰색·노란색 등

원예종까지 합쳐 1천여 종이 넘는다. 근경의 비늘 조각이 100개나 된다는 데서 백합(百合)이라고 한다.

수수꽃다리 봄, 4~5월, 자주색·흰색 등

한국 특산종으로 북부지방의 석회암 지대에서 자라며 향기가 짙은 꽃은 묵은 가지에서 자란다.

제라늄 봄~가을, 4~10월, 적색·흰색 등

원산지는 남아프리카이고, 다년초로 약 200여 변종이 있으며 꽃은 색과 모양이 일정하지 않게 핀다.

튤립 봄, 4~5월, 빨간·노란색 등

관상용 다년생 구근초로 비늘줄기는 달걀 모양이고 원줄기는 곧게 서며 갈라지지 않는다.

페튜니아 봄~가을, 4~10월, 붉은색 등

남아메리카가 원산지로 여름 화단이나 윈도 박스에 흔히 심을 수 있는 화려한 트럼펫 모양의 꽃이다.

홍매화 봄, 2~4월, 붉은색

높이 5~10m로 꽃은 잎과 같이 피고 붉은색 꽃이 겹으로 핀다. 매실은 공 모양의 녹색이다.

조경도면 | Landscape Drawing

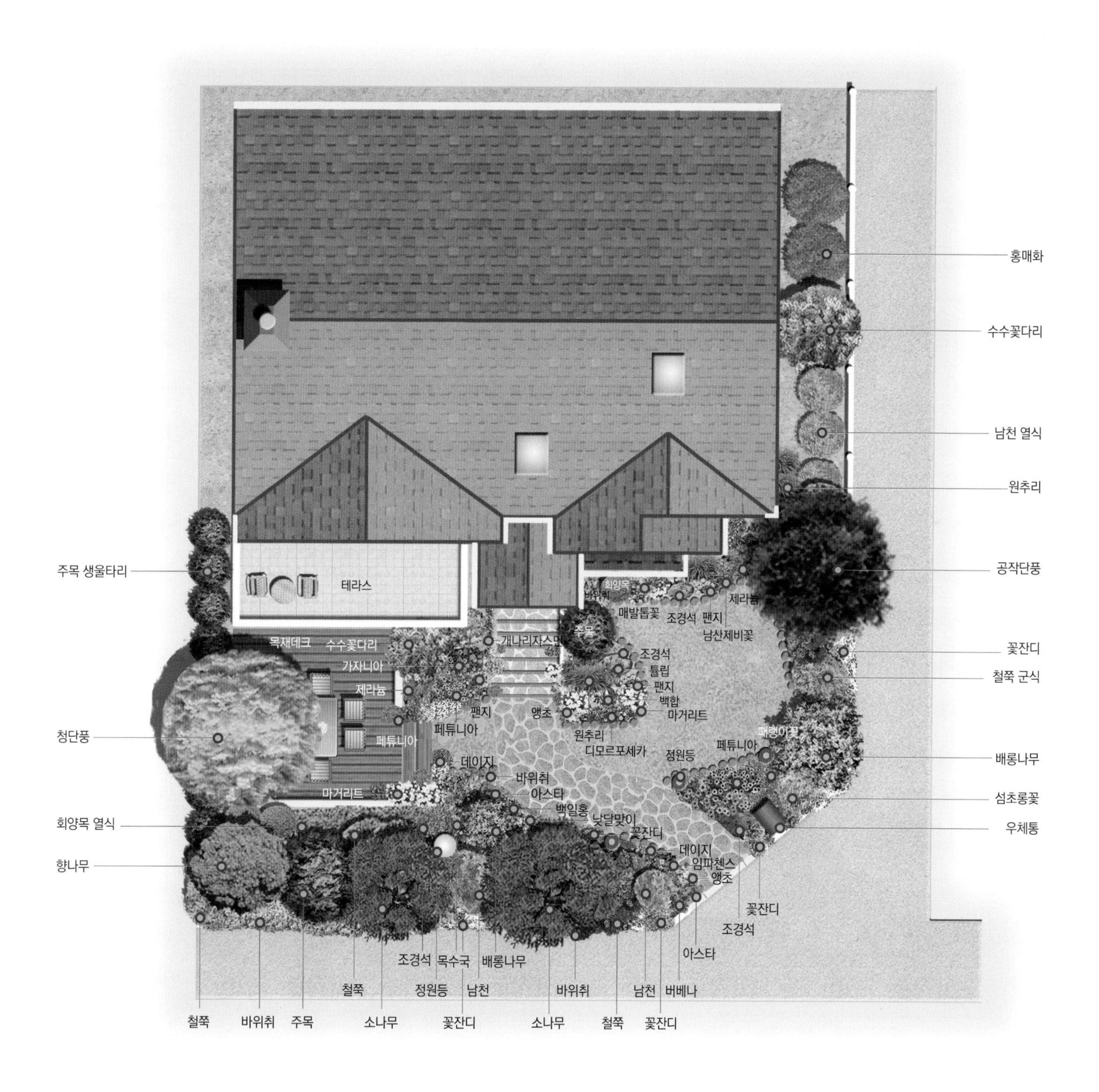

01

02

03

04

05

06

07

01_ 펜스의 외곽선을 따라 키가 낮은 관목을 식재하여 작은 공간을 시각적으로 보완한 정원 디자인이다.

02_ 밝은 톤의 외장과 화사한 화초류가 어우러진 동화 속 그림같은 아담한 정원이다.

03_ 대문이 없는 동선을 따라 현관까지 꽃잔디, 가자니아 등 다양한 화초류를 좌·우측 식재하여 작은 꽃길을 조성하였다.

04_ 현관입구 계단에 화분을 놓고 좌우측에 개나리자스민, 주목 등을 심어 입구를 화사하게 가꾸었다.

05_ 아담한 정원 너머 올려다 보이는 노란색 외벽과 초록 현관문이 정원 분위기를 더욱 밝게 해준다.

06_ 이른 봄 형형색색 각종 초화류가 작은 정원을 화려하게 수놓으며 자태를 뽐내고 있다.

07_ 함께 둘러앉아 담소를 나누며 바비큐 파티를 할 수 있는 데크와 테이블이 있는 정원 풍경이다.

01_ 데크의 도로 쪽에 집 형태의 가벽을 설치하여 외부 시선을 일부 가렸다.
02_ 시선을 자극하는 화초류가 주를 이루고 있는 가운데 적당한 크기의 수수꽃다리와 난간을 타고 오르는 개나리 쟈스민의 진한 향내는 계단을 오르는 이의 정신을 맑게 해준다.
03_ 집주인의 취향으로 가꾸는 아름다운 정원을 이웃, 행인들과 함께 공유할 수 있도록 개방하여 많은 사람에게 즐거움을 주는 것은 분명 행복 바이러스다.
04_ 현관에서 내려다본 아담한 정원의 모습이다.

05_ 다양한 칼라의 화초류가 옹기종기 모여있는 현관계단이다.
06_ 튤립, 백합, 양귀비, 아스타, 앵초 등 화사한 꽃들이 시선을 끈다.
07_ 선반형 난간대에 올려 놓은 다양한 장식소품들과 화분들은 정원에서 또 하나의 볼거리다.
08_ 난간에 단조화분대를 설치하고 계절꽃을 교체하여 철마다 색다른 분위기를 연출할 수 있다.

06

05

07

08

933

32

118 ㎡ / 36 py

일산 마두동주택

주택의 멋을 살린 작은 소나무정원

위 치	경기도 고양시 일산동구 마두동
대 지 면 적	232㎡(70py)
조 경 면 적	118㎡(36py)
조경설계·시공	건축주 직영

택지개발지구 내의 단독주택은 대지 면적이 좁고 협소하여 정원으로 활용할 수 있는 공간이 크지 않다. 마두동주택은 232㎡(70평) 크기로 남향으로 주택을 우선 앉히고 나머지를 조경면적으로 할애하여 토지이용의 효율성을 극대화한 조경 사례이다. 이 주택의 정원은 건축주의 키우는 재미를 이웃에게 베푸는 정원이라 할 정도로 외부지향적으로 노출되어 있다. 주택이 밀집된 지역에서 아름답게 잘 가꾼 정원은 인접한 이웃과 행인에게 시각적으로 아름다움을 공유하는 즐거움이 있어 주택을 다시 보게 되고 건축주의 속마음을 가늠하게 하는 계기가 된다. 3면의 좁은 정원을 효과적으로 활용하기 위해 높고 낮은 조형소나무들로 고저 차를 두어 동적인 효과를 주고 하부에는 각종 분과 첨경물, 다양한 야생화와 초화류로 색과 표정이 살아있는 정원을 연출했다. 소나무는 비교적 시선의 방해를 덜 받는 화단 모퉁이와 시야를 확보하기 위해 창문 앞에는 지하고가 높은 소나무를 포인트로 선택하고, 공용주차장이 있는 우측 공간은 프라이버시 보호를 위해 잎의 밀도가 높은 측백나무를 열식하여 차폐효과를 냈다.

구획정리가 잘된 마을의 주택조경은 설계 시 이웃과의 관계나 공용도로의 이용은 염두에 두어야 할 중요한 요소 중 하나다.

주요 나무와 야생화 MAJOR TREE & WILD FLOWER

가자니아 여름~가을, 7~9월, 주황색
남아프리카 원산이며 주황색의 바탕에 황색의 복륜의 꽃잎을 가진 모양이 훈장을 연상시킨다.

겹조팝나무 봄, 4~5월, 흰색
높이 1~2m 정도 자라며 조밀하게 꽃이 피어 아름답다. 정원수나 공원수, 꽃꽂이용으로 이용된다.

공작단풍/세열단풍 봄, 5월, 붉은색
잎이 7~11개로 갈라지고 갈라진 조각이 다시 갈라지며 잎은 가을에 아름다운 빛깔로 물든다.

금낭화 봄, 5~6월, 붉은색
전체가 흰빛이 도는 녹색이고 꽃은 담홍색의 볼록한 주머니 모양의 꽃이 주렁주렁 달린다.

돌단풍 봄, 4~5월, 흰색
잎의 모양이 5~7개로 깊게 갈라진 단풍잎과 비슷하고 바위틈에서 자라 '돌단풍'이라고 한다.

매발톱꽃 봄, 4~7월, 보라색·흰색 등
꽃이 보라색인 하늘매발톱, 연한 황색인 노랑매발톱, 흰색인 흰하늘매발톱, 적갈색 매발톱꽃도 있다.

명자나무 봄, 4~5월, 붉은색
정원에 심기 알맞은 나무로 여름에 열리는 열매는 탐스럽고 아름다우며 향기가 좋다.

바위취 봄, 5월, 흰색
햇빛이 없는 곳에서도 잘 자라며 돌계단, 축대 사이에 심으면 봄에 하얀 꽃을 볼 수 있다.

소나무 봄, 5월, 노란색·자주색
항상 푸른 솔의 나무로 바늘잎은 2개씩 뭉쳐나고 2년이 지나면 밑 부분의 바늘잎이 떨어진다.

수국 여름, 6~7월, 자주색 등
중성화(中性花)인 꽃의 가지 끝에 달린 산방꽃차례는 둥근 공 모양이며 지름은 10~15cm이다.

영산홍 봄, 4~5월, 홍자색·붉은색 등
반상록 관목으로 줄기는 높이 15~90cm이며 가지는 잘 갈라져 잔가지가 많고 갈색 털이 있다.

오공국화 봄~여름, 4~9월, 노란색
다년초 원예종으로 높이는 20cm 정도로 자라고 개화기가 긴 특성이 있는 도입종 야생화이다.

자작나무 봄, 4~5월, 노란색
팔만대장경을 만든 나무로 하얀 나무껍질이 아름다워 숲 속의 귀족이란 별명이 붙어 있다.

철쭉 봄, 4~5월, 흰색 등
진달래와 달리, 철쭉은 독성이 있어 먹을 수 없는 '개꽃'으로 영산홍, 자산홍, 백철쭉이 있다.

측백나무 봄, 4월, 녹색
비늘 모양의 잎이 뾰족하고 가지의 나무 모양이 아름다워서 생울타리, 관상용으로 심는다.

팬지 봄, 2~5월, 노란색·자주색 등
2년초로서 유럽에서 관상용으로 들여와 전국 각지에서 관상초로 심고 있는 귀화식물이다.

조경도면 | Landscape Drawing

01_ 좁은 공간에 우뚝 선 조형소나무가 건물 입면을 배경삼아 멋진 자태를 자랑한다.
02_ 조형소나무는 너무 빽빽하지 않게 수형 하나하나 제대로 감상할 수 있도록 간격을 유지하는 것이 좋다.
03_ 수형이 아름다운 크고 작은 소나무가 배경이 되고 꽃이 좋은 관목으로 아래부분을 치장하여 풍성하게 가꾸었다.
04_ 공용주차장이 있는 우측 공간은 프라이버시 보호를 위해 잎의 측백나무를 밀도있게 열식하여 차폐 효과를 냈다.
05_ 밖에서 내부의 모습이 보이지 않도록 적당한 높이로 전지하여 수고를 유지하고 있다.

06_ 조경면적이 넓지 않으므로 복잡하지 않으면서 풍성한 느낌이 드는 효율적인 디자인에 촛점을 두었다.
07_ 좁은 공간에도 소나무, 겹조팝나무, 명자나무, 수국, 영산홍 등 꽃이 예쁜 관목과 교목을 식재하여 지나가는 사람들의 시선을 끈다.
08_ 좁은 공간이지만 아름다운 야생화와 화초류가 담긴 플랜트박스, 항아리, 토분, 석분, 도자기 등을 놓아 정원은 볼거리가 다양하다.
09_ 오르는 계단 좌·우측에도 주인의 정성이 가득한 분들이 즐비하다.
10_ 소나무 가지에는 벽걸이용 화분과 그네 타는 소품도 걸려 있는 등 아기자기함이 물씬 묻어나는 정원 모습이다.

01_ 곡선 건물의 외벽 밑 데드스페이스에도 석부작과 분들이 가득하다.
02_ 그늘진 공간임에도 화색이 밝은 꽃들로 가득하니 분위기가 밝다.
03_ 행인의 눈높이보다 약간 높은 난간대에는 다양한 분들이 놓여있어 시선을 끈다.

04_ 교목과 관목 사이에 놓인 꽃과 잎의 질감이 깊이가 있다.

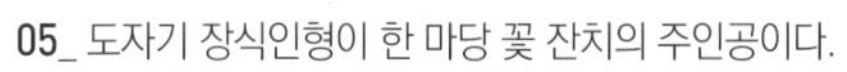
05_ 도자기 장식인형이 한 마당 꽃 잔치의 주인공이다.

06_ 화이트 톤의 벽체가 배경이 되는 후정에 심은 고고한 자태의 자작나무는 지나는 이들에게 또 다른 눈요기가 된다.

마치 하나의 풍경 사이에 난간을 세운 듯 옥상정원이 주변의 풍광에 자연스럽게 녹아드는 느낌이다.

33

105 ㎡
32 py

은평 한옥마을 N씨댁

산수분경을 들여놓은 옥상 정원

위 치 서울시 은평구 진관동
대 지 면 적 405㎡(123py)
조 경 면 적 105㎡(32py)
조경설계·시공 솔조경

은평 한옥마을 단지 내 제한된 필지에 집을 짓고 정해진 주차공간을 확보하려다 보니 정원으로 활용할 수 있는 공간은 협소할 수밖에 없다. 정원을 꼭 갖고 싶었던 터라 그 대안으로 1층은 어쩔 수 없이 손바닥 정원 규모로 꾸미고 대신 옥상정원을 크게 설계했다. 옥상에 파노라마처럼 펼쳐지는 북한산의 탁 트인 조망은 옥상조경을 더 적극적으로 검토하게 한 동기였다. 시원스러운 푸른 산과 하늘이 한눈에 들어오는 차경이 멋진 옥상은 휴식공간으론 더없이 좋은 장소이다. 분재형 나무와 야생화, 돌을 소재로 연출한 정원은 마치 자연의 축소판을 표현한 거대한 산수분경 작품처럼 눈 앞에 펼쳐진 북한산의 풍광을 닮은 듯, 산자락과 함께 어울리는 이색적인 멋을 선보인다. 바닥에는 굵은 마사토를 깔고 돌과 돌을 하나하나 연결하여 화단 외곽선을 자연스럽게 꾸몄다. 옥상이란 특수한 장소에 들인 정원이라 키 큰 나무는 배제하고 주로 분재형으로 작게 키운 향나무, 배롱나무, 등나무, 소사나무, 미니철쭉 등 가능한 낮은 토심과 강한 바람에 잘 견딜 수 있는 수종을 선택해 배식했다. 옥상임에도 여백미가 느껴지는 조경과 북한산의 풍광을 감상하며 여유로운 휴식을 취할 수 있는 색다른 옥상정원이다.

주요 나무와 야생화 MAJOR TREE & WILD FLOWER

골담초 봄, 5월, 노란색·주황색
길이가 2.5~3m로서 처음에는 황색으로 피어 후에 적황색으로 변하고, 아래로 늘어져 핀다.

금낭화 봄, 5~6월, 붉은색
전체가 흰빛이 도는 녹색이고 꽃은 담홍색의 볼록한 주머니 모양의 꽃이 주렁주렁 달린다.

꽃사과 봄, 4~5월, 흰색 등
잎은 사과 잎보다 연한 녹색으로 광택이 나며 꽃은 한 눈에서 6~10개의 흰색·연홍색의 꽃이 핀다.

기린초 여름~가을, 6~9월, 노란색
줄기가 기린 목처럼 쭉 뻗는 기린초는 아주 큰 식물이 아닐까 생각되지만 키는 고작 20~30㎝ 정도이다.

나비바늘꽃 여름~가을, 6~10월, 흰색·붉은색
부드럽게 스치는 바람에도 산들거리며 춤을 추는 아름다운 관상초로 조경용 소재로 좋다.

돌단풍 봄, 4~5월, 흰색
잎의 모양이 5~7개로 깊게 갈라진 단풍잎과 비슷하고 바위틈에서 자라 '돌단풍'이라고 한다.

등나무 봄, 5~6월, 연자주색
높이 10m 이상의 덩굴식물로 타고 올라 등불 같은 모양의 꽃을 피우는 나무라는 뜻이 있다.

매발톱꽃 봄, 4~7월, 자갈색 등
꽃잎 뒤쪽에 '꽃뿔'이라는 꿀주머니가 매의 발톱처럼 안으로 굽은 모양이어서 이름이 붙었다.

무늬둥굴레 봄~여름, 5~7월, 흰색
높이는 30~60cm로 꽃은 줄기 밑 부분의 셋째부터 여덟째 잎 사이의 겨드랑이에 한두 개가 핀다.

미니철쭉 봄, 4~5월, 분홍색
진달래와 달리, 철쭉은 독성이 있어 먹을 수 없는 '개꽃'으로 관상용으로 작게 개량된 철쭉이다.

뽕나무 여름, 6월, 노란색
오디는 소화 기능과 대변의 배설을 순조롭게 한다. 먹고 나면 방귀가 뽕뽕 나온다고 뽕나무라고 한다.

붓꽃 봄~여름, 5~6월, 보라색 등
약간 습한 풀밭이나 건조한 곳에서 자란다. 꽃봉오리의 모습이 붓과 닮아서 '붓꽃'이라 한다.

소사나무 봄, 5월, 연한 녹황색
잎은 어긋나고, 달걀모양이며 길이 2~5cm로 작고 가장자리에 겹톱니가 있고 측맥은 10~12쌍이다.

우산나물 여름~가을, 6~9월, 연한 홍색 등
50~100cm 높이로 봄에 잎이 우산같이 펴지면서 나오는 새순을 나물로 먹는다.

화살나무 봄, 5월, 녹색
많은 줄기에 많은 가지가 갈라지고 가지에는 화살의 날개 모양을 띤 코르크질이 2~4줄이 생겨난다.

황금눈향나무 봄, 4~5월, 노란색
원줄기가 비스듬히 서거나 땅을 기며 퍼진다. 향나무와 비슷하나 옆으로 자라 가지가 꾸불꾸불하다.

조경도면 | Landscape Drawing

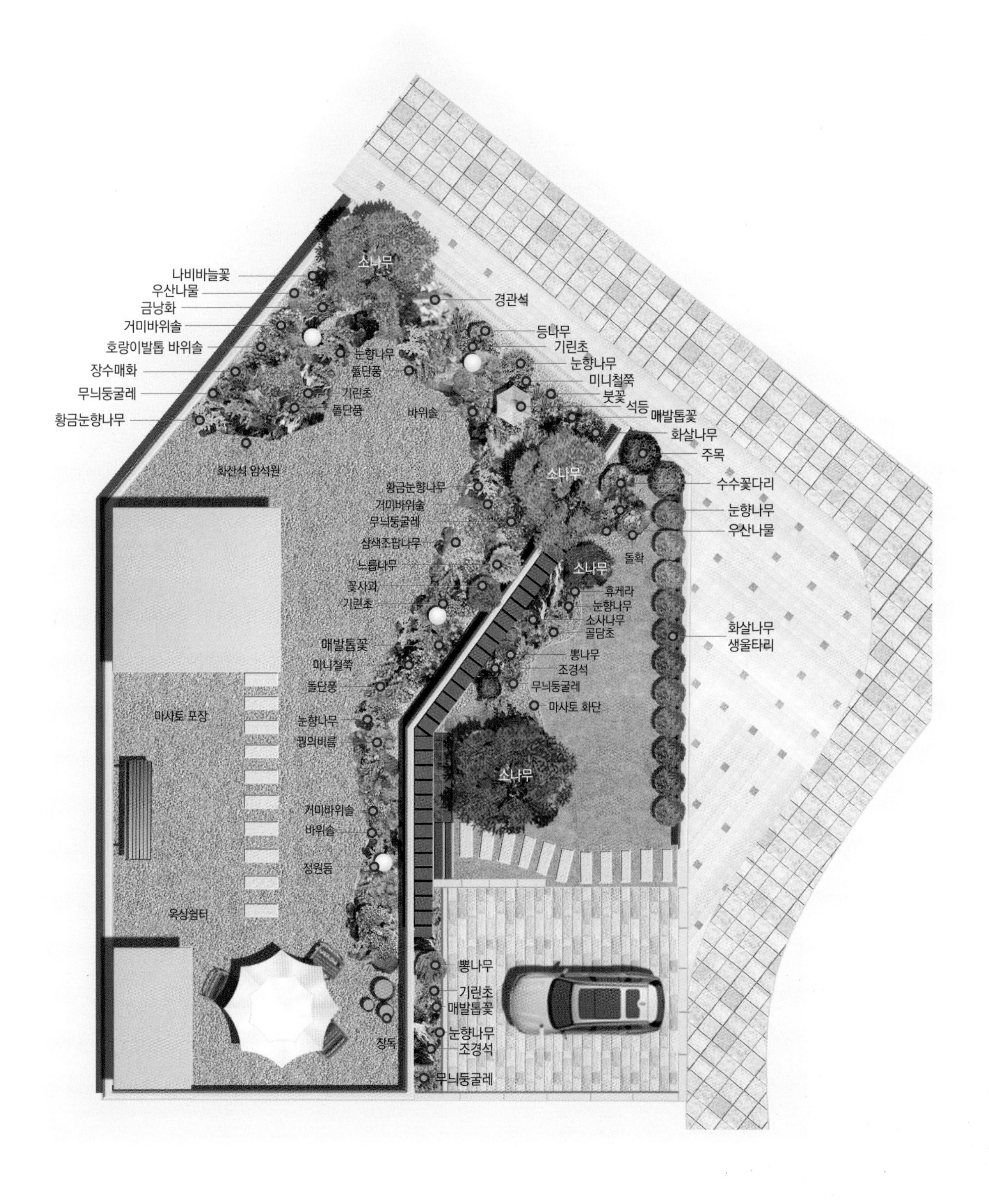

01

02

03

04

05

06

07

01_ 건축물 허가 시 지상에 일정 면적의 조경을 갖추어야 하는 의무조경면적에 옥상정원이 일부 반영되므로 토지의 이용률면에서 효과가 크다.
02_ 건물 전면 우측의 절제된 공간에 만든 작은 조경이다.
03_ 옥상에서 내려다본 삼각형 형태의 1층 정원.
04_ 소나무 아래에 주로 자연석을 이용해 화단을 만들고 낮은 교목과 식물로 모양을 냈다.
05_ 건물에 밀착하여 소나무, 뽕나무, 수수꽃다리를 요점식재 하였다.
06_ 북한산의 차경과 자연스럽게 어우러지도록 옥상에 마사토와 자연석을 이용해 화단을 만들고 산수분경을 연출한 정원이다.
07_ 옥상정원은 과밀화된 도시의 제한적인 녹지 비율을 증가시킬 수 있는 좋은 대안이다.
08_ 고태미가 묻어나는 자연석으로 경계선을 두른 화단은 암석원 분위기로 자연스럽게 북한산의 차경과 일체감을 이룬다.
09_ 건물의 고층부에 조성하는 옥상정원은 강한 풍속의 영향을 그대로 받게 되므로 수목의 전도나 먼지, 건조로부터 피해를 입지 않도록 사전 대비가 필요하다.

08

09

01_ 옥상의 낮은 토심은 토양을 쉽게 건조하게 한다. 따라서 자동관수시스템을 도입하거나 건조에 강한 수종을 선택하는 것이 좋다.
02_ 분재형 향나무와 첨경물인 석등이 산수분경의 주인공으로 자리 잡았다.
03_ 좁은 장소에 들인 옥상조경이므로 주로 작고 낮은 수종을 골라 식재하고 나무 사이의 여백미를 주어 연출하였다.

04_ 퇴적층이 형성된 바위틈의 건조한 환경에도 잘 견디는 다양한 바위솔과 세덤류가 식재되어 있다.
05_ 바위틈에 자리한 싱그러운 기린초가 활짝 핀 노란 꽃을 자랑한다.
06_ 마치 자연을 그대로 옮겨다 놓은 듯 자연의 깊은 멋이 느껴지는 산수분경 같은 옥상정원의 풍경이다.

I will give you rest

공간 구성은 단정하면서 강한 느낌을 살리기 위해 직선과 원형을 연결하고 변형해 통일감을 주는데 역점을 두었다.

34 1,051㎡ 318py

강화 해오름

산책로가 아름다운 유럽식 정원

위 치	인천시 강화군 양사면 덕하리
대 지 면 적	1,157㎡(350py)
조 경 면 적	1,051㎡(318py)
조경설계·시공	아이디얼 가든

해오름정원은 건축주의 특별한 사명감으로 만들어진 유럽식 정원으로, 오래전부터 계획하고 준비하면서 쉼이 필요한 이들을 위해 댓가 없는 쉼터를 만들고 싶은 평생소원을 이루어낸 곳이다. 따라서 정원이 그 어느 곳보다 편안한 곳이길 바라는 마음으로 여러 해에 걸쳐 지속적으로 가꾸어 가고 있다. 정원디자인에서 가장 신경 쓴 곳이 산책로이다. 작은 정원이지만 편하게 천천히 걸으며 몸과 마음을 치유할 수 있는 산책로 두 곳을 만들었다. 하나는 대문에서 정원 카페로 가는 산책로, 다른 하나는 메인 정원에서 텃밭을 사이에 두고 걷는 산책로이다. 카페로 가는 산책로는 정원을 대하는 첫 공간이자 주택의 진입로이기 때문에 산책로 가장자리에는 주로 키가 작고 향기가 나는 식물을 배치하여 식물이 자라며 자연스럽게 흘러나오도록 하였다. 또 다른 산책로는 키 큰 초화들과 관목으로 채워진 화단과 텃밭으로 꾸몄다. 텃밭은 채소를 심어 가꾸기도 하고, 구근식물이나 일년초 계절 화단을 만드는 등 다목적 공간으로 사용할 수 있다. 처음 구상했던 다년초 식물들이 하나둘씩 화단을 채워갈 때까지 일년초 식물로 빈 곳을 아름답게 가꾸며 차근차근 정원의 완성도를 높여가고 있는 주인의 아름다운 마음이 깃든 힐링정원이다.

주요 나무와 야생화 MAJOR TREE & WILD FLOWER

꽃양귀비 봄~여름, 5~6월, 백색·적색 등
동유럽이 원산지로 줄기의 높이는 50~150㎝이고 약용, 관상용으로 재배하고 있다.

독일붓꽃 봄~여름, 5~6월, 보라색 등
유럽 원산의 여러해살이식물로 한국에 자생하는 붓꽃속 식물과 비교하면 꽃이 큰 편이다.

디기탈리스 여름, 7~8월, 자주색 등
높이가 1m에 달하고 꽃은 종처럼 생긴 통꽃으로 꽃차례 아래쪽에서 위쪽으로 피어 올라간다.

루드베키아 여름, 6~8월, 노란색
북아메리카 원산으로 여름철 화단용으로 화단이나 길가에 관상용으로 심어 기르는 한해 또는 여러해살이풀이다.

루피너스 봄~여름, 5~6월, 붉은색·파란색 등
번식력이 강하여 주변의 식생과 경합을 벌여도 쉽게 이기는 삶의 강한 욕구가 엿보이는 꽃이다.

말발도리 봄~여름, 5~6월, 흰색
열매가 말발굽 모양을 하고 있고 꽃잎과 꽃받침조각은 5개씩이고 수술은 10개이며 암술대는 3개이다.

미스김라일락 봄, 4~5월, 진보라색
우리 수수꽃다리를 미국 식물 채집가가 북한산 백운대에서 종자를 가져가 개량하여 다시 수입하였다.

박태기나무 봄, 4월, 분홍색
잎보다 분홍색의 꽃이 먼저 피며 꽃봉오리 모양이 밥풀과 닮아 '밥티기'란 말에서 유래 되었다.

분홍바늘꽃 여름, 7~8월, 분홍색
뿌리줄기가 옆으로 벋으면서 퍼져 나가 무리 지어 자라고 줄기는 1.5m 높이로 곧게 선다.

붓꽃 봄~여름, 5~6월, 자주색 등
약간 습한 풀밭이나 건조한 곳에서 자란다. 꽃봉오리의 모습이 붓과 닮아서 '붓꽃'이라 한다.

삼색조팝나무 여름, 6월, 분홍색
일본 원산으로 줄기는 모여 나고 높이 1m에 달하며 꽃은 새 가지 끝에 우산 모양으로 달린다.

에키네시아 여름, 6~8월, 분홍색·흰색 등
북아메리카 원산으로 다년생이며, 꽃 모양이 원추형이고 꽃잎이 뒤집어져 아래로 쳐진다.

유카 봄~겨울, 5~12월, 흰색
북아메리카가 원산지로 높이 1~2m 정도로 자라고 가지가 많이 갈라지며 100~200개의 꽃이 달린다.

은쑥 봄~여름, 5~7월, 노란색
일본 원산인 국화과 다년생 식물로 처음에는 녹색을 띠지만 은회색으로 점차 변한다.

풍접초 여름~가을, 8~9월, 분홍색·백색 등
아메리카 원산 한해살이풀로 줄기는 높이 1m 정도이고 꽃은 총상꽃차례를 이룬다.

풍지초 가을, 9월, 흰색
30~50㎝ 크기의 여러해살이풀로 작은 바람에도 흔들거리며, 바람을 가장 먼저 감지한다 하여 붙여진 이름이다.

조경도면 | Landscape Drawing

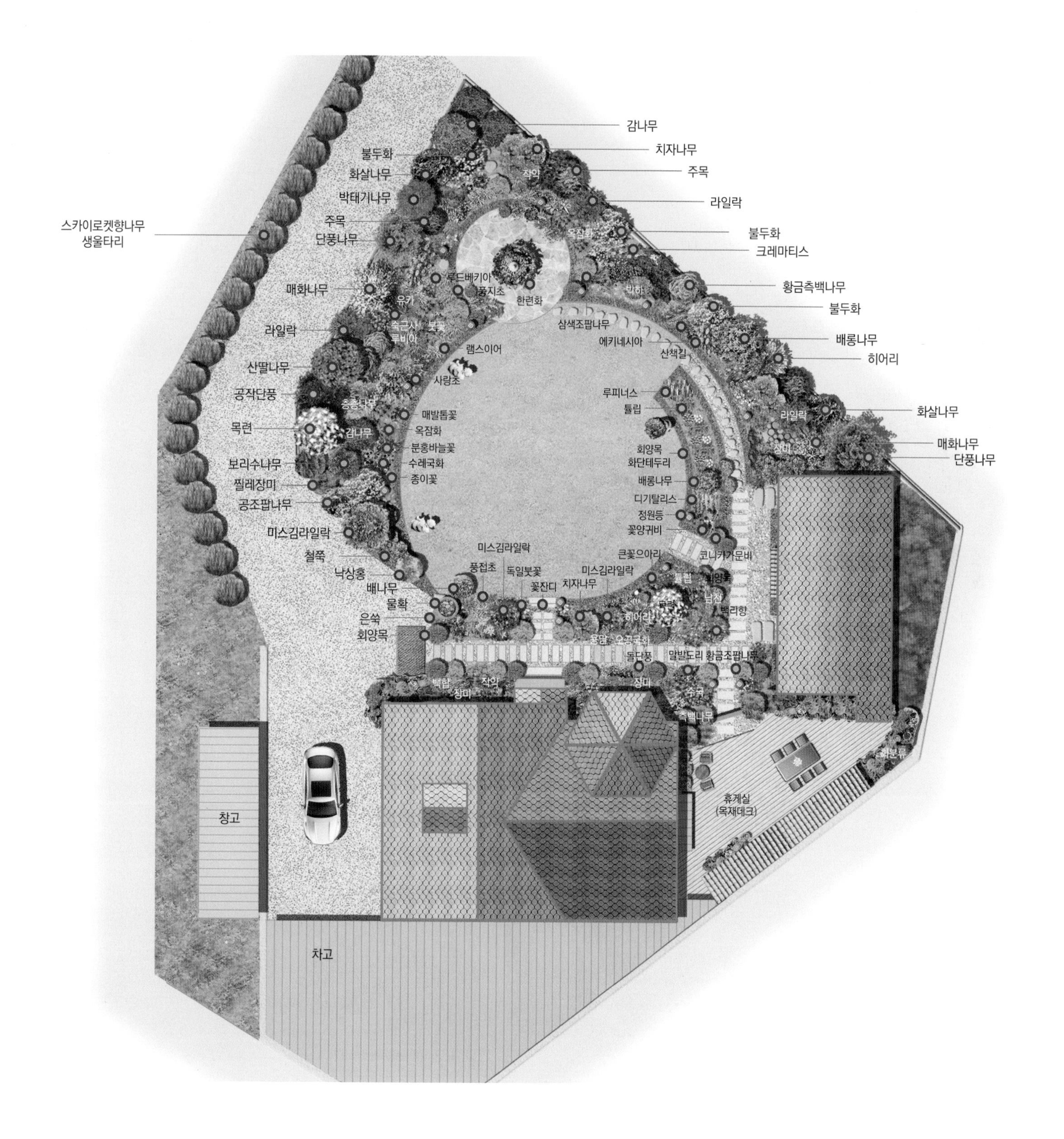

01_ 건물의 정면에는 낮은 관목과 초화류의 화단을 꾸며 시야를 넓게 확보했다.
02_ 산책로 입구 양쪽에 식재한 둥근 회양목은 시선을 끄는 역할을 하고 겨울에도 녹색을 유지하며 볼거리를 제공한다.
03_ 입구에서 바라본 주정원의 모습으로 제2의 생활공간으로서의 정원을 위해서는 건축과 정원 설계가 같이 이루어져야 한다는 점을 반영하였다.
04_ 주정원의 화단과 잔디의 경계를 지은 회양목 생울타리는 단정하게 정돈된 느낌을 주면서, 마당 끝의 높은 축대가 주는 위압감을 완화해 준다.

02

01

03

04

05_ 생활 속의 편리함과 아름다움의 접점을 찾아서 간결한 디자인에 걷는 재미를 더해주는 산책로에 중점을 두었다.
06_ 텃밭에는 채소뿐만 아니라 계절을 알리는 일년초와 구근 등 때와 용도에 맞추어 다양하게 가변성 있는 공간으로 활용할 수 있게 하였다.
07_ 자연주의 식재는 최근 들어 많은 각광을 받는 스타일이다. 이곳 정원은 포멀가든의 레이아웃 안에 자연스러운 식재를 적용하였다.

01_ 화단 사이에 디딤돌을 놓은 산책로를 만들어 정원을 둘러보는 재미를 더했다.
02_ 눈썹처마 밑의 난간대에도 화사한 페튜니아로 장식해 시선을 끈다.
03_ 산책로에는 직사각형의 화강석 디딤돌을 정갈하게 깔고 자갈을 포설하였다.
04_ 안쪽 화단에 수국, 장미, 미스김라일락 외에 붓꽃, 황금조팝나무와 같이 중간 키의 식물을 배치하여 풍성함을 더했다.

01_ 초화의 다양성을 가장 효과적으로 활용할 수 있는 잉글리쉬 코티지 스타일을 적용한 정원 디자인으로 주택의 위치나 주변 환경과도 잘 어울린다.
02_ 기능을 다한 분수 조경물이 색다른 화분대 역할을 톡톡히 하고 있다.
03_ 회양목 생울타리로 화단의 경계를 만들고 첨경물을 더해 깔끔하고 정돈된 산책로를 조성하였다.
04_ 화단 옆으로 길게 부정형의 디딤돌을 놓아 이동의 편리함을 고려하였다.

여러 구역으로 나누어 조성한 주정원은 암석원, 소나무가든, 화이트가든,
장미가든, 연못가든 등 테마조경으로 변모해 가고 있다.

35 12,926 m² / 3,910 py

성남 햇살정원

음악이 흐르는 숲속 정원

위 치	경기도 성남시 분당구 석운동
대 지 면 적	13,223㎡(4,000py)
조 경 면 적	12,926㎡(3,910py)
조경설계·시공	건축주 직영

전체면적이 4,000여 평에 달하는 햇살정원은 바라산 붓골재 골짜기의 깊숙한 곳에 자리하고 있다. 도심을 벗어나 마음속에 늘 그려왔던 나만의 정원 만들기를 실천에 옮긴 것은 20여년 전이다. 식물에 대한 식견 부족으로 시행착오를 겪으며 실패한 식물도 많았지만, 지금은 전문가 못지않다. 정원을 직접 디자인하고 식물을 가꾸는 데 도움이 된다면 발품을 마다하지 않고 여기저기 찾아다니며 강의도 많이 들었다. 이런 노력으로 가꾼 정원이 아름다운 모습으로 변모해 이제 세간 사람들의 관심 속에 가보고 싶고 머물고 싶은 정원으로 입소문을 탔다. 1,300여 평에 이르는 주정원은 암석원, 소나무가든, 화이트가든, 장미가든, 연못가든, 온실 등 여러 구역으로 나누어 테마정원으로 꾸며 가고 있다. 화단 경계선을 따라가며 다양한 식물도 구경하고 음악을 들으며 요리조리 정원을 산책하는 재미가 매우 쏠쏠하다. 자연과 어우러진 아름다운 공간, 따사로운 햇살이 비추고, 아름다운 음의 선율이 흐르는 공간, 햇살정원은 잠시 머물다 가는 방문객에게도 더없이 아름다운 정신적인 선물을 안겨준다. "정원이 있어 행복하고, 그 행복을 찾아오는 사람들과 함께 나눌 수 있어 더 행복하다."는 부부의 아름다운 정원 가꾸기의 열정은 여전히 식지 않은 현재진행형이다.

주요 나무와 야생화 MAJOR TREE & WILD FLOWER

기린초 여름~가을, 6~9월, 노란색
줄기가 기린 목처럼 쭉 뻗는 기린초는 아주 큰 식물이 아닐까 생각되지만 키는 고작 20~30㎝ 정도이다.

금송 봄, 3~4월, 연노란색
잎 양면에 홈이 나 있는 황금색으로 마디에 15~40개의 잎이 돌려나서 거꾸로 된 우산 모양이 된다.

노랑꽃창포 봄, 5~6월, 노란색
꽃의 외화피는 3개로 넓은 달걀 모양이고 밑으로 처지며, 내화피는 3개이며 긴 타원형이다.

담쟁이덩굴 여름, 6~7월, 녹색
덩굴손은 끝에 둥근 흡착근(吸着根)이 있어 돌담이나 바위 또는 나무줄기에 붙어서 자란다.

독일붓꽃 봄~여름, 5~6월, 보라색 등
유럽 원산의 여러해살이식물로 한국에 자생하는 붓꽃속 식물과 비교하면 꽃이 큰 편이다.

돌단풍 봄, 4~5월, 흰색
잎의 모양이 5~7개로 깊게 갈라진 단풍잎과 비슷하고 바위틈에서 자라 '돌단풍'이라고 한다.

매발톱꽃 봄, 4~7월, 보라색·흰색 등
꽃잎 뒤쪽에 '꽃뿔'이라는 꿀주머니가 매의 발톱처럼 안으로 굽은 모양이어서 이름이 붙었다.

메타세쿼이아 봄, 3월, 노란색
살아 있는 화석식물로 원뿔 모양으로 곧고 아름다워서 가로수나 풍치수로 널리 심는다.

무늬둥굴레 봄~여름, 5~7월, 흰색
높이는 30~60cm로 꽃은 줄기 밑 부분의 셋째부터 여덟째 잎 사이의 겨드랑이에 한두 개가 핀다.

박태기나무 봄, 4월, 분홍색
잎보다 분홍색의 꽃이 먼저 피며 꽃봉오리 모양이 밥풀과 닮아 '밥티기'란 말에서 유래 되었다.

백당나무 봄~여름, 5~6월, 흰색
흰색의 산방꽃차례 가장자리에는 꽃잎만 가진 장식 꽃이 빙 둘러 가며 핀다. 수국과 비슷하게 생겼다.

삼색조팝나무 여름, 6월, 분홍색
일본 원산으로 줄기는 모여 나고 높이 1m에 달하며 꽃은 새 가지 끝에 우산 모양으로 달린다.

샤스타데이지 여름, 6~7월, 흰색
국화과의 다년생 초본식물로 품종에 따라 봄에서 가을까지 선명한 노란색과 흰색의 조화가 매력적인 꽃이 핀다.

자작나무 봄, 4~5월, 노란색
팔만대장경을 만든 나무로 하얀 나무껍질이 아름다워 숲 속의 귀족이란 별명이 붙어 있다.

호스타 봄~여름, 6월, 보라색
숙근성 다년초로 비비추의 일종. 흰색에 가까운 유백색, 녹색 등 불규칙한 잎의 무늬가 특히 아름답다.

황매화 봄, 4~5월, 노란색
높이 2m 내외로 가지가 갈라지고 털이 없으며 꽃은 잎과 같이 잔가지 끝마다 노란색 꽃이 핀다.

조경도면 | Landscape Drawing

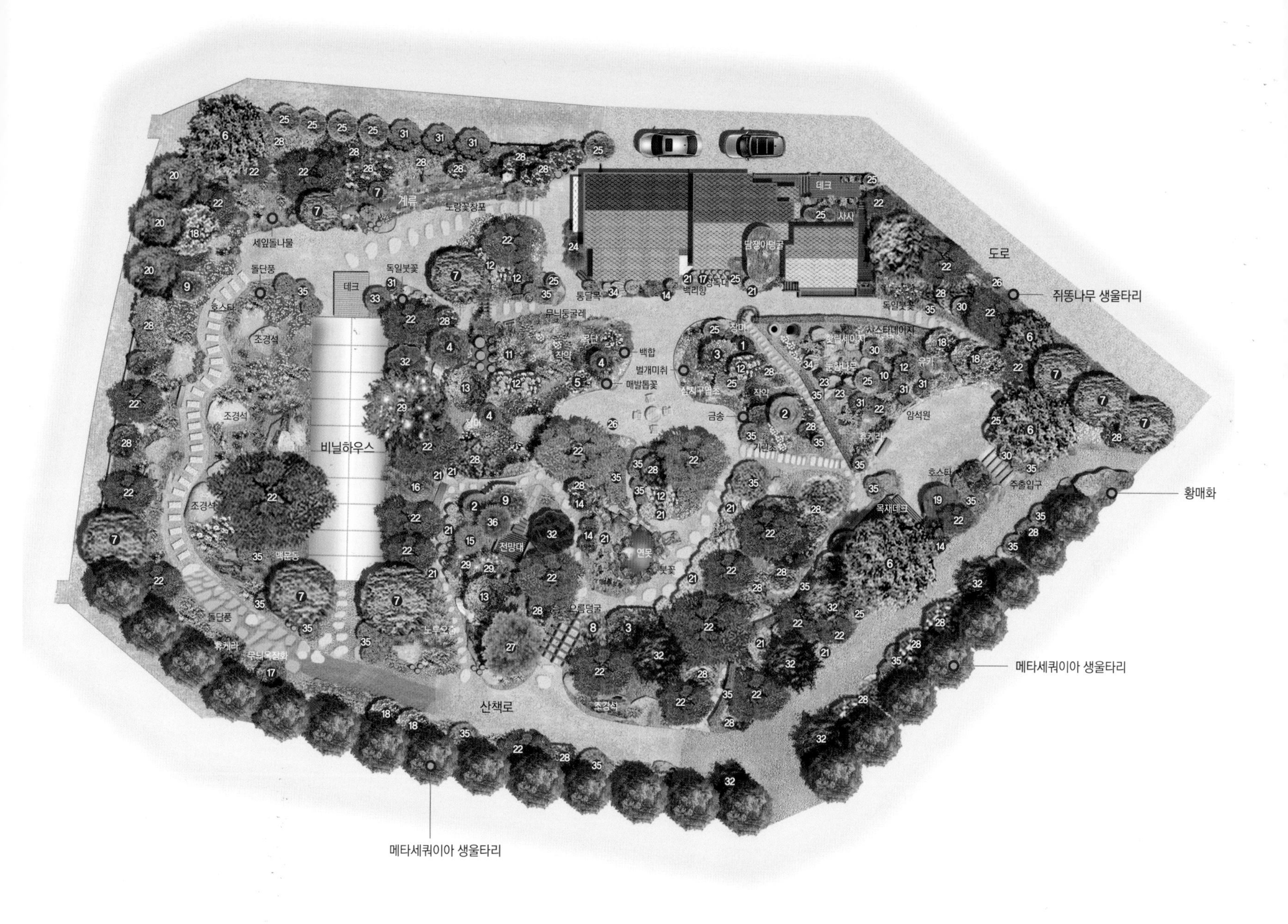

1 감나무
2 공작단풍
3 꽃댕강나무
4 꽃사과
5 꽃산딸나무
6 느티나무
7 단풍나무
8 등나무
9 마가목
10 매자나무
11 매화나무
12 명자나무
13 모과나무
14 미스김라일락
15 박태기나무
16 백당나무
17 병꽃나무
18 불두화
19 살구나무
20 삼나무
21 삼색조팝나무
22 소나무
23 스카이로켓향나무
24 자작나무
25 주목
26 쥐똥나무
27 쪽동백나무
28 철쭉
29 칠엽수
30 코니카가문비
31 향나무
32 홍단풍
33 화살나무
34 황금사철나무
35 회양목
36 회화나무

01_ 다양한 색상의 매발톱꽃으로 화사하게 채색된 5월의 정원, 더없이 풍성한 아름다움을 자랑한다.
02_ 데크에서 바라본 주정원. 바라산 자락에 조성된 햇살정원은 경계선이 따로 없는 사방이 자연으로 뒤덮인 녹색의 향연장이다.
03_ 초기의 묘목들이 튼실하게 잘 자라 이제는 정원 여기저기 어엿한 중심목이 되었다.
04_ 주택 측면의 담장을 따라 만든 계류, 산에서 내려오는 물이 계류를 따라 주정원의 연못으로 흘러나간다.

05_ 메타세쿼이아를 열식하여 정원의 경계선으로 삼았다. 실내에서도 맑은 공기와 따스한 햇살, 아름다운 음의 선율을 느끼며 감상할 수 있는 주정원이다.
06_ 꽃잔디, 기린초, 사계원추리, 튤립, 매발톱꽃, 작약, 붓꽃 등 계절마다 선보일 화초류가 풍성하게 때를 기다리며 자라고 있는 주정원. 정성과 노력으로 꿈을 이룬 아름다운 햇살정원이다.
07_ 녹색으로 빈틈이 없는 정원. 아치형 파고라를 곳곳에 설치하여 덩굴장미와 으름덩굴이 타고 올라가며 자란다.

06

05

07

01_ 곳곳에 석탑, 물확 등 조경첨경물들을 배치해 정원의 멋을 더했다.
02_ 바라산의 차경과 정원이 일체가 되어 정원의 풍취는 배가 되었다.
03_ 곳곳에 디딤돌이 놓여 있는 산책로, 휴게공간을 만들어 정원을 거니는 즐거움과 휴식을 누릴 수 있다.
04_ 느티나무 아래 휴게공간에서 바라본 주택은 담쟁이덩굴을 덮고 자연의 일부가 되었다.

03

01

02

04

05_ 바위틈에서도 무리 없이 잘 자라는 야생화와 관목류를 고루 식재하여 암석원에 자연미를 더했다.
06_ 장대석계단과 해태 석상으로 진입로를 장식한 햇살정원 입구.
07_ 지형을 잘 이용해 테마조경의 하나로 가꾸어 가고 있는 암석원이다.

01_ 메타세쿼이아 경계선을 따라 조성된 정원 산책로.
02_ 주정원을 벗어난 산자락에 별도로 조성된 자작나무 군락지. 하얗게 들어낸 나무껍질의 고고한 자태로 나무 중 귀공자라 불리는 자작나무이다.
03_ 부드러운 유선형으로 디자인한 정원 산책로의 화사한 모습.
04_ 겹황매화, 영산홍, 샤스타데이지 등이 만발한 대문 진입로의 모습.
05_ 산에서 흘러내리는 물길을 돌려 계류를 만들고 주 정원에 연못가든을 조성했다. 연못 주변은 자연석을 둘러 수목과 자연스러운 조화를 이룬다.
06,07_ 주정원과는 거리를 두고 계곡물을 이용해 넓게 조성한 연못이다. 꽃창포, 연꽃, 어리연꽃 등 각종 수생식물들이 자라고 있는 수변 정원이다.

05

06

07